U0381246

居民家庭金融

资产选择、风险测算与管理策略

袁国方　著

格致出版社　上海人民出版社

前 言

自改革开放以来，中国多次应对全球性金融危机的冲击，这不仅揭示了金融体系运行中的复杂性与脆弱性，也警示我们，金融风险作为一种系统性隐患始终潜在且不容忽视。在1997年东南亚金融危机后，尤其是在2008年美国次贷危机之后，世界各国纷纷通过宏观调控以及金融政策重构，干预本土实体经济发展并控制金融风险，进而刺激经济复苏。2020年新冠疫情波及全球，2022年俄乌冲突爆发，国际局势复杂多变，全球经济形势变幻莫测，中国经济也进入了“新常态”，经济发展的环境条件持续发生重大转变，这意味着中国经济增长将告别过去30多年增长率在10%左右的高速发展，并与传统的不平衡、不协调、不可持续的粗放模式告别。事实上，自2014年以来，中国经济增长的速度和模式就已经开始逐渐蜕变，国民经济的各层次、各领域都出现了亟待解决的新现象、新问题。其中，经济“新常态”下，居民作为国民经济宏观部门中的最小单元，其家庭财富的变化面临着不可避免的客观风险，居民对金融资产配置和风险应对行为的调整变化，以及由此衍生的潜在或显现的家庭及社会性金融风险问题，引起中国各级政府和社会各界的广泛关注。如何顺应经济发展突变优化居民金融资产，有效化解居民家庭金融资产风险，再一次成为学术界和政策制定者们共同面对的新课题。

本书的创新点主要有四点。一是构建宏微观相结合的研究框架：本研究开发了一个综合框架，以解析宏观经济周期波动如何影响居民家庭金融资产的选择，揭示宏观经济变化对家庭金融决策的具体影响路径。二是理论与测量模型的突破：我们开发了一个新的居民家庭金融资产选择理论模型，该模型旨在最大化家庭财富增长,并且特别引入了经济周期波动的衡量指标,以更准确地反映经济环境的实际影响;我们还引入了传统的风险测量模型,基于此设计了一个专门针对居民家庭金融资产风险测算的模型,旨在提供更精准的风险管理工具。三是以发达国家,如美国、日本和韩国的国际经验作为借鉴:从发达国家居民家庭金融资产的发展和配置视角,分析其经验和启示,为中国居民家庭在选择和配置金融资产方面提供一定的借鉴。四是提出多层次的政策建议,旨在全面改善居民家庭的金融状况:首先,我们建议政府部门实施宏观政策调整,以优化经济环境并减轻居民家庭的财务压力;其次,我们建议金融机构设计更符合居民家庭需求的金融产品,以便他们更有效地管理和配置资产;最后,我们向居民家庭提供理性投资和风险规避的策略,帮助他们在经济不稳定时期做出明智的金融决策。

目 录

第1章　绪　论

自20世纪90年代以来，中国经济已经经历了两个完整的波动周期，目前已进入第三个经济周期的收缩期。具体而言，第一个周期为1991年至2002年。其中，1991年到1993年为该经济周期的扩张阶段，1994年到2002年为收缩阶段，这一轮经济周期的整个收缩阶段共持续了80个月。第二个经济周期是2003年至2009年。其中，2003年到2007年为该经济周期的扩张阶段，2008年到2009年为收缩阶段。第三个经济周期从2010年开始，延续至今。2010年中国经济开始复苏，到2015年到达拐点，2015年至今，受国内外环境影响，中国经济增幅持续调整下降。为应对经济周期性进入“新常态”，2012年党的十八大召开以后，中国政府就已经开始布局经济结构转型升级，并推出各类经济“新常态”中的经济政策与措施。在宏观经济周期的不同阶段，金融资产在收益性和风险性上呈现不同的特征，导致居民家庭针对金融资产出现不同选择行为，进而影响了居民家庭的金融资产配置及其整体损益。据统计，中国经济自2014年起进入低增长态势，其间e租宝、泛亚事件，金赛银基金、“新四板”原始股骗局等金融风险案件频发，居民家庭的金融资产安全面临严重的影响，进而对国家经济社会的稳定发展也造成了很大威胁。由于居民家庭是宏观经济系统中的关键核心部门，其金融资产对居民家庭自身以及国家经济安全与发展都具有至关重要的影响，因此，经济收缩调整期居民家庭金融资产的风险测度及管理策略，已经成为学术界以及政策制定者关注的议题。本书从居民家庭微观视角出发，针对经济调整期居民家庭金融资产的风险与管理问题，运用计量经济方法对居民家庭金融资产的选择行为及其风险开展研究,并对社会各部门在居民家庭金融资产风险问题上的管理策略进行深入探讨。

1.1 研究背景和研究意义

随着中国金融市场的逐步完善以及各类金融工具的应用与创新,居民家庭投资于金融资产的选择日趋多样化,涵盖了存款、股票、债券、保险(商业保险和社会保险)、基金、银行理财等多种类型。而与此同时,宏观经济的周期性波动,特别是经济收缩期的货币政策、资本市场等不稳定因素,对居民家庭金融资产的安全性造成了较大影响,导致了很多居民家庭金融资产“缩水”的严重后果。比如,2015 年到 2017 年,由于银行、证券系统的“加杠杆”行为(参考图 1.1)①,居民家庭金融资产进入“加杠杆”行列而蒙受损失并引发社会矛盾的案例频发。因此,自 2017 年 4 月开始,中央政府将国家金融安全、防范重大金融风险调整到国家阶段性经济目标中,

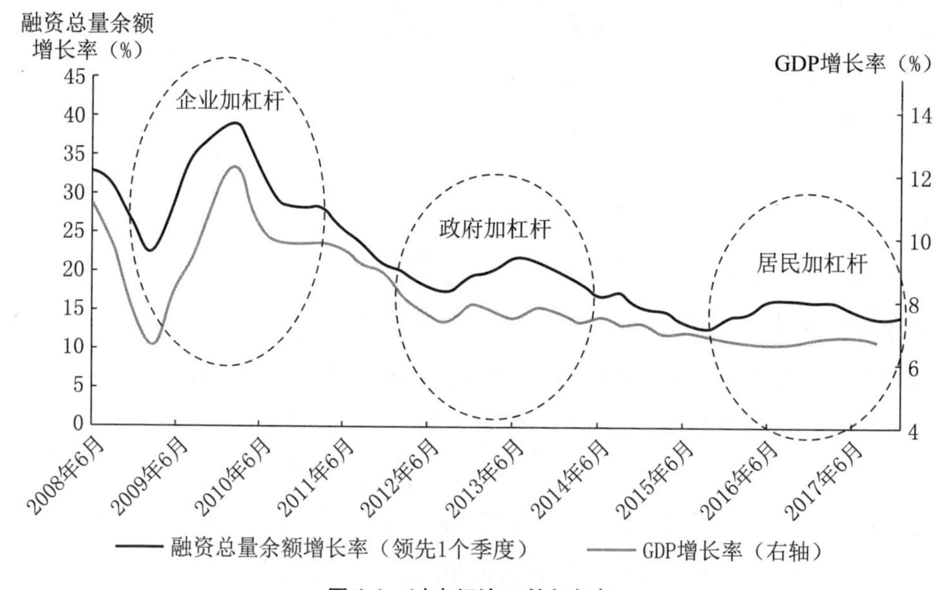

图 1.1 过去经济三轮加杠杆

资料来源:海通证券研究所。

① 2015 年 7 月 1 日,中国证监会《证券公司融资融券业务管理办法》(证监会〔2015〕117 号令)。

提出从“去杠杆”到“结构性去杠杆”等一系列具体目标以及相关实施举措。这期间，政府和社会各界越来越关注居民家庭金融资产配置及其风险问题，特别是如何在经济增长速度降低阶段管控居民家庭金融资产风险、保障居民家庭金融资产安全等，这些问题也成为政策制定和学术讨论的核心议题。

本书的研究将家庭金融资产选择与风险测算的微观问题置于宏观经济周期波动的框架下，旨在深入探讨经济调整期间居民家庭的金融资产选择及其风险评估。这项研究具有重要的研究意义：一方面，它有助于揭示宏观经济波动具体影响居民家庭的金融资产决策和配置结构的作用机制；另一方面，它可以针对性地分析家庭金融资产的选择和风险防范策略，为政府、金融机构和居民家庭等不同决策者的行为和实践提出政策建议。

1.2　国内外研究现状及其述评

1.2.1　国内外研究现状

1. 家庭金融资产配置的影响因素

家庭金融资产选择理论由马科维茨(Markowitz)的投资组合选择理论逐渐发展演变而成。该理论以投资者的完全理性为基础假设，并将风险与收益的最优组合作为人们选择金融资产时常用的衡量标准(Markowitz, 1952)，强调居民家庭是在收入预算约束下实现家庭金融资产效用最大化的(Samuelson, 1969；Merton, 1969)，进而通过资产选择、资产组合及资产调整等步骤开展具体的资产配置活动(黄家骅，1997)。随着有限理性理论的引入，学界开始更全面地认识到，家庭金融资产的选择不仅受到微观因素的影响，同时也受到宏观经济因素的深刻影响，呈现为具有复杂性的决策过程。

(1) 宏观因素。

宏观经济的发展对居民家庭金融资产配置具有显著影响。

首先，彭志龙(1998)通过分析1990—1996年间中国居民金融资产与国民经济数据，指出居民金融资产的增长是中国经济快速发展的关键支柱之一，而特定的货币政策背景直接影响了居民金融资产总量，从而带来不同程度的金融风险。此外，柴曼莹(2003)研究发现，名义GDP是居民金融资产增长的决定性因素，而名义GDP本身由实际GDP和价格总指数决定，从而确认了这两个因素在金融资产增长中的重要性。

进一步,Lu 和 Deng(2009)总结了中国个人投资选择的方差特征,并强调个人金融投资选择与多项宏观经济指标(如 GDP、利率和商品价格)的密切关联。Amick 和 McGibany(2000)从金融资产的利率弹性角度分析了居民金融资产,指出交易所需求的金融资产对利率弹性较弱,而投机性金融资产则对利率高度敏感,这在高收入家庭中更为明显。

卢家昌、顾金宏(2010)基于实证数据分析了家庭金融投资行为的动机和影响因素,揭示宏观经济风险会显著地影响了家庭的金融投资决策,尤其是在货币和证券投资方面。他们强调宏观经济风险的三大特性:潜在性、隐藏性和累积性。这些风险与宏观经济运行紧密关联,并在一定条件下导致经济危机。

最后,徐梅等(2016)研究了经济周期波动如何影响中国城镇居民的金融资产结构,发现不同经济周期对家庭金融资产结构的影响各不相同。

以上研究表明,宏观经济环境显著影响家庭的金融资产配置,经济指标(如 GDP)和货币政策直接影响家庭金融资产的增长和总量,不同类型金融资产对这些指标的敏感度不同。此外,宏观经济风险和经济周期的波动也对家庭金融投资决策和资产结构有深远的影响。

(2) 微观因素。

居民家庭的微观特征对家庭金融资产的选择具有显著影响。具体来看,多项研究探讨了家庭特质(如财产性收入)与金融资产选择行为之间的密切关系。

国外的研究如 Gollier(2002)发现,家庭在积累一定财富后才倾向于进行金融资产投资,并且这些选择受到投资机会和风险承担意愿的影响。Guiso 等(2003)通过分析多国家庭财富数据,揭示家庭进行股票和风险资产投资的行为与家庭财富水平高度相关。Calvet(2007)则认为高净值家庭及年轻群体倾向于在资产配置中提高风险资产的比例。

国内研究也支持这些发现。例如,李建军、田光宁(2001)指出,收入增长快时居民更倾向于配置储蓄型金融资产;史代敏、宋艳(2005)则证实了财富与居民储蓄及股票市场投资之间的正向关系。进一步地,刘楹(2007)构建了家庭金融资产选择的理论框架,强调收入及其差距对家庭金融资产选择行为的深刻影响。

此外,学者们还探讨了其他微观特征对家庭金融资产选择的影响。例如,Aizcorbe 等(2003)发现绝大多数美国家庭选择多样化的金融资产投资,不同年龄、学历和收入层次的家庭在股票持有比例上存在显著差异。Cocco(2005)通过研究英国数据发现,房地产投资显著影响了年轻投资者的股票投资意愿。类似地,Baptista(2008)、Cardakh 和 Wilkins(2009)指出劳动收入、健康状况和生存必要支出显著影响金融投资配置决策。

这些研究结果一方面凸显了财产性收入对金融资产选择的影响,另一方面也揭示了个人特征,如年龄、教育、健康状况等,对家庭金融资产配置的显著作用。这些发现为理解居民金融资产配置行为提供了宝贵的洞见。

2. 家庭金融资产风险的度量

在家庭金融资产风险度量中,风险价值(Value at Risk, VaR)模型因其能够预测在特定条件下的最大潜在损失而被广泛应用。然而,随着市场的复杂化,单一风险度量方法难以全面捕捉多元风险,促使学者们探索更先进的集成风险度量工具,如基于 Copula 函数的模型,以更有效地管理家庭金融资产的整体风险。

(1) 基于 VaR 的风险度量。

投资组合理论的发展促进了金融资产风险测量方法的进步,其中 VaR 成为衡量金融资产风险的关键工具。VaR 广泛应用于银行、证券经纪公司、投资基金等机构,用于资产配置、绩效评价和投资风险度量。在 Jorion(1997)的定义中,VaR 被描述为在正常市场条件下,给定置信水平和持有时间,某种风险资产可能发生的最大预期损失,这一定义获得了广泛认可。

随后,多位学者应用 VaR 模型开展了深入的研究。Campbell 等(2001)利用 VaR 模型探讨了最优证券组合投资问题,突出了 VaR 在实际投资决策中的应用价值。Consigli(2002)通过均值- VaR 模型研究了在不稳定金融市场中的证券投资组合选择问题,进一步拓展了 VaR 模型的应用范围。在中国,范英(2001)采用 VaR 方法分析了深市综合指数的风险,而陈守东、于世典(2002)利用基于 GARCH 模型计算的 VaR,对中国股市的市场风险进行了深入分析。

这些研究不仅证实了 VaR 模型在全球金融风险管理中的实用性,还展示了该模型在策略制定和风险评估中的重要性,对理论和实践都有着显著的影响。

(2) 基于集成风险的风险度量。

尽管巴塞尔委员会(Basel Committee)推荐金融机构采用 VaR 模型作为内部风险管理和风险度量的标准工具,然而 VaR 模型及其他单一风险因子度量方法,如市场风险因子度量和信用风险度量法,往往难以适用于集成风险度量。这主要是因为单个资产面临的风险形态多样化，且风险因素之间存在复杂的相互关联、交叉和渗透，导致资产组合所面临的集成风险往往是单个资产风险的叠加与放大。

为了更有效地度量这种集成风险，学者们开始利用Copula函数（Sklar，1959）进行研究。Copula函数提供了一种框架，可以用统一的方式整合多种不同的风险和收益，从而适用于复杂的资产组合风险管理。Embrechts等（1999，2002）是在金融风险管理中引入Copula函数的先驱，他们的研究为资产组合风险管理提供了新的理论基础。此外，张明恒（2004）探讨了多金融资产VaR的Copula计量模型和计算方法，而吴振翔等（2006）运用Copula-Garch模型来分析投资组合风险，展示了这一方法在实际应用中的有效性。

这些进展不仅丰富了金融风险管理的理论和方法，还为金融机构提供了更为全面和精确的风险度量工具，帮助他们更好地应对多样化和集成化的风险挑战。

1.2.2　研究评述

现有研究显示，家庭金融在资产配置与风险控制方面取得了显著进展，但仍存在一些不足。目前研究主要聚焦于居民家庭金融资产的微观影响因素（如年龄、受教育程度、家庭规模及收入等）以及这些因素如何影响资产总量。虽然应用了从数理模型到复杂的计量回归模型的多种研究方法，但对于不同类型资产（如存款、股票、债券、保险）对各种因素的敏感度分析尚需深入。

此外，以往研究多在宏观金融层面上进行风险度量和投资组合分析，这些方法虽然成熟，但主要用于宏观金融风险尤其是债市和股市风险的测量，对家庭金融资产结构风险的详细分析不足。同时，关于家庭金融资产与经济周期的关系，现有研究多从金融市场角度探讨其与宏观经济指标的关系，对经济周期波动下家庭金融资产的收益和结构变化缺乏研究。

鉴于此，本书旨在从宏观经济周期波动的角度探讨家庭金融资产配置。研究目标包括：一是分析宏观经济周期波动对不同类型金融资产结构的影响机制；二是评估经济调整阶段家庭金融资产的结构性风险和波动特征；三是根据经济周期各阶段特征提出有关家庭如何规避金融资产风险的政策建议。本书的研究将有助于更全面地理解家庭金融资产配置在宏观经济背景下的动态变化。

1.3　研究的主要内容、方法和创新之处

1.3.1　主要内容

基于国内外以往的研究成果，本书以居民家庭金融资产结构与经济周期波动之间的关系为切入点，构建计量模型并进行了实证分析，探讨二者之间的影响机制。

第1章是绪论。首先介绍研究背景和研究的重要意义；接着对国内外的研究现状进行文献梳理和评述；最后详述研究的主要内容、思路和方法，并突出本书的创新点。

第2章介绍经济周期与居民家庭金融资产配置的理论分析框架。首先界定居民家庭金融资产的概念，并描述其现状；其次分析居民家庭金融资产配置的相关理论和现有模型；最后讨论经济周期的传导效应以及宏观经济周期对居民家庭资产产生影响的机制。

第3章论述中国居民家庭金融资产配置的现状与发展趋势。本章分析中国居民家庭金融资产配置的当前状况、存在的问题及其原因，探讨未来配置的趋势，并对中美家庭金融资产配置进行了详细比较。

第4章探讨经济周期波动下居民家庭金融资产选择与受影响的路径。本章首先探讨经济周期波动下中国居民家庭金融资产的基本变化特征；其次分析宏观经济波动下的居民家庭金融资产选择路径；再次，进一步分析宏观经济风险、背景风险对居民家庭金融资产收益的影响；最后探讨经济周期波动对居民家庭金融资产结构变化的影响。

第5章分析居民家庭金融资产风险的成因与类型。本章分析引发中国居民家庭金融资产风险的微观原因、宏观社会因素及其他相关因素。

第6章是中国居民家庭金融资产风险测算方法的选择和应用。本章阐述选择测算方法的过程，通过梳理和比较以往学者的研究方法，构建适合中国居民家庭金融资产风险测算的模型。

第7章是对中国居民家庭金融资产结构风险的测量。本章首先介绍使用GARCH模型的VaR测算方法；其次对中国居民家庭金融资产组合的集成风险进行了测量和波动分析。

第8章是对家庭金融资产配置的国际经验分析。本章基于美国、日本和韩国三国的居民家庭金融资产的发展和选择演变历史,总结三个国家居民家庭金融资产配置的国际经验和启示,对中国居民家庭金融资产的国际借鉴提供支撑。

第9章是对中国居民家庭金融资产风险管理的政策建议。本章基于理论分析、实证研究和案例分析,提出针对中国居民家庭金融资产配置优化和风险控制的政策建议。

1.3.2 研究方法

基于经济周期理论、投资组合理论和计量经济学相关理论,本书深入分析了经济周期波动对居民家庭金融资产选择的影响:

(1) 理论分析:应用资产组合风险理论,通过构建风险评估指标来测算在经济周期中家庭金融资产结构的风险,并分析当前经济调整收缩时期中国居民家庭金融资产的风险特征。

(2) 实证分析:采用计量经济学的方法,以家庭实现财富增长最大化为目标,构建一个受收入约束的投资组合模型。该模型引入经济周期波动的影响因素(如经济增长、宏观经济景气指数、利率、通货膨胀率、失业率等),用于分析居民家庭在不同金融资产(如储蓄存款、股票、债券等)之间的选择行为。

(3) 案例分析:基于近年来国际金融市场的各类重大金融风险事件及其对居民家庭金融资产造成的重大损失,经验性地阐述从货币市场、资本市场、黄金市场到衍生品市场风险产生的原因、过程和后果。

1.3.3 创新之处

本书的研究创新之处可以概括为以下几点:

(1) 构建宏微观相结合的研究框架:本书的研究开发了一个综合框架,以解析宏观经济周期波动如何影响居民家庭金融资产的选择行为,揭示宏观经济变化对家庭金融决策的具体影响路径。

(2) 理论与测量模型的突破:本书的研究开发了一个新的居民家庭金融资产选择理论模型,该模型旨在最大化家庭财富增长,并且特别引入了经济周期波动的衡量指标,以更准确地反映经济环境的实际影响;还引入了传统的风险测量模型,并基于此设计了一个专门针对居民家庭金融资产风险测算的模型,旨在提供更精准的风险管理工具。

(3) 提出多层次的政策建议:本书的研究提出了一系列多层次的政策建议,旨在全面改善居民家庭的金融状况。首先,建议政府部门调整宏观政策,以优化经济环境并减轻居民家庭的财务压力;其次,鼓励金融机构设计更符合居民家庭需求的金融产品,以便他们更有效地管理和配置资产;最后,向居民家庭提供理性投资和风险规避的策略,帮助他们在经济不稳定时期做出明智的金融决策。

第2章　经济周期与居民家庭金融资产配置的理论分析框架

本章将首先定义居民家庭金融资产，并基于统计数据描绘中国居民家庭金融资产的总量和结构，进而概述这些资产的基本特征；其次，定义经济周期并描述中国经济发展的历史和现状，总结其规律性；再次，综述国内外有关资产配置的相关理论与模型，并对标准普尔家庭资产象限图进行解释；最后，探讨经济周期的传导效应，并对宏观经济周期如何影响居民家庭资产的机制进行详细的理论阐释。

2.1　概念界定与现状描述

金融资产(financial assets)一方面是指单位或个人所拥有的区别于实物资产、以价值形态存在的资产，通常也是一种索取实物资产的权利；另一方面，金融资产也通常被视为可以在有组织的金融市场上进行交易、具有现实价格和未来估价的金融工具，其最大特征是能够在市场交易中为其所有者提供即期或远期的货币收入流量。

2.1.1　中国居民家庭金融资产总量与结构描述

根据《中国人民银行年报》所披露的统计指标，中国居民持有的金融资产主要分为四大类：通货（现金）、储蓄存款、有价证券（包括债券和股票），以及保险准备金。相对而言，在居民家庭的金融资产配置中，选择的资产种类和投资范围相对有限。在有价证券投资中，国债和股票占据较高的比重，而期货和权证类投资则较少（贺力平、林璐，2020）。通货主要用于日常交易需求，这类资产不仅无收益，反而存在机会成本。储蓄存款是居民家庭对银行储蓄的投资，而有价证券则包括对市场上的债券和股票的投资，后者的风险显著高于前者。保险准备金占居民家庭金融资产总量比重较小，而且由于保险存在概率赔付问题，整个保险市场的收益率难以确定。在以上五种主要的家庭金融资产中，储蓄存款和国债属于无风险金融资产，股票属于高风险金融资产。

改革开放以来，中国居民家庭金融资产的结构发生了显著变化，其特征在表 2.1 和图 2.1 中得到详细描述，其中的数据覆盖了 1978 年至 2018 年的时间段。我们观察到，居民家庭金融资产总量呈现出快速增长的趋势。1978 年，城乡居民持有的五种主要金融资产总额仅为 384.42 亿元，而到了 2018 年，这一数字激增至 1 334 998.45 亿元，增长了近 3 500 倍。进一步分析显示，储蓄存款在中国居民家庭金融资产中始终占据较高的比重，占到家庭金融总资产的一半以上，并呈现缓慢上升的趋势。各年度的平均增长速度也略高于金融总资产的增长速度。相比之下，居民持有现金的比例持续快速下降，从 1978 年的 45.22% 降至 2018 年的 4.65%。债券投资在 20 世纪 90 年代较为普遍，但自 2000 年起其比例逐年下降。相对地，股票投资比例虽然较低，但显示出持续上升的趋势，并与宏观经济走势大致吻合。保险准备金比例虽然也呈上升趋势，但其总量依然较小。

总体而言，近 40 年来中国居民家庭金融资产结构变化呈现为以下四个主要特征：

一是现金比重在持续下降，储蓄存款比例继续上升。随着中国金融改革的不断深化和银行业务创新模式的变化，以及互联网金融技术的快速发展，我们见证了现金比重的持续下降和储蓄存款比例的连续上升。特别是第三方支付业务的推广，极大地方便了居民的日常交易，从而减少了现金的流通量。虽然现金的绝对数量在增加，但其在家庭金融资产中的占比却逐年下降。图 2.1 显示，尽管在某些年份现金比例短暂上升，但这主要是受到经济波动的直接影响。因此，随着银行业和互联网金融的持续发展，减少日常消费中持有的现金已成为一个必然趋势。同时，

表 2.1　五种居民家庭金融资产余额和结构变化情况(单位:亿元)

年份	手持现金		储蓄存款		债券		股票		保险准备金		合计
1978	173.82	45.22%	210.60	54.78%		—		—		—	384.42
1979	214.16	43.25%	281.00	56.75%		—		—		—	495.16
1980	285.58	41.69%	399.50	58.31%		—		—		—	685.08
1981	330.99	38.72%	523.70	61.27%	0.10	0.01%		—		—	854.79
1982	371.92	34.86%	675.40	63.30%	19.70	1.85%		—		—	1 067.02
1983	449.85	32.53%	892.50	64.54%	40.50	2.93%		—		—	1 382.85
1984	664.57	34.22%	1 214.70	62.55%	62.60	3.22%		—		—	1 941.87
1985	813.35	31.99%	1 622.60	63.83%	101.40	3.99%		—	4.80	0.19%	2 542.15
1986	993.85	28.40%	2 238.50	63.96%	254.77	7.28%		—	12.90	0.37%	3 500.02
1987	1 183.53	25.46%	3 081.40	66.28%	328.41	7.06%	30.00	0.65%	25.60	0.55%	4 648.94
1988	1 174.12	20.66%	3 822.20	67.27%	544.00	9.57%	105.00	1.85%	36.90	0.65%	5 682.22
1989	1 910.59	23.98%	5 196.20	65.22%	689.67	8.66%	124.86	1.57%	46.10	0.58%	7 967.42
1990	2 155.45	20.99%	7 119.80	69.35%	797.46	7.77%	137.70	1.34%	56.30	0.55%	10 266.71
1991	2 590.22	19.49%	9 244.90	69.58%	1 148.25	8.64%	225.15	1.69%	78.30	0.59%	13 286.82
1992	3 447.32	19.65%	11 757.30	67.01%	1 818.85	10.37%	399.95	2.28%	122.60	0.70%	17 546.02
1993	4 580.34	20.18%	15 203.50	67.00%	2 118.68	9.34%	597.99	2.64%	192.40	0.85%	22 692.91
1994	5 647.09	18.38%	21 518.80	70.02%	2 550.24	8.30%	639.68	2.08%	376.40	1.22%	30 732.21
1995	6 094.11	15.23%	29 662.30	74.14%	3 135.51	7.84%	662.36	1.66%	453.30	1.13%	40 007.58
1996	6 877.24	13.41%	38 520.80	75.09%	4 395.90	8.57%	968.04	1.89%	538.30	1.05%	51 300.28
1997	8 098.86	12.92%	46 279.80	73.81%	5 726.30	9.13%	1 826.27	2.91%	772.70	1.23%	62 703.93
1998	8 949.61	12.19%	53 407.50	72.72%	7 140.03	9.72%	2 684.50	3.66%	1 256.00	1.71%	73 437.64
1999	10 818.22	12.65%	59 621.80	69.71%	8 756.27	10.24%	4 928.38	5.76%	1 406.20	1.64%	85 530.87

续表

年份	手持现金		储蓄存款		债券		股票		保险准备金		合计
2000	11 811.87	11.99%	64 332.40	65.31%	11 105.30	11.27%	9 652.51	9.80%	1 598.00	1.62%	98 500.08
2001	12 685.74	11.48%	73 762.40	66.73%	13 301.30	12.03%	8 677.90	7.85%	2 109.00	1.91%	110 536.34
2002	14 004.80	10.94%	86 910.70	67.90%	16 535.78	12.92%	7 490.73	5.85%	3 054.00	2.39%	127 996.01
2003	16 052.80	10.64%	103 617.70	68.67%	19 426.18	12.87%	7 907.11	5.24%	3 880.00	2.57%	150 883.79
2004	17 487.00	10.25%	119 555.40	70.08%	22 236.98	13.03%	7 013.18	4.11%	4 318.00	2.53%	170 610.56
2005	19 614.50	9.90%	141 051.00	71.17%	26 217.70	13.23%	6 378.31	3.22%	4 927.30	2.49%	198 188.81
2006	22 138.50	9.46%	161 587.30	69.07%	29 585.27	12.65%	15 002.18	6.41%	5 641.34	2.41%	233 954.59
2007	24 879.50	8.15%	172 534.20	56.49%	45 139.44	14.78%	55 838.40	18.28%	7 035.80	2.30%	305 427.34
2008	28 292.50	8.49%	217 885.40	65.39%	50 094.72	15.04%	27 128.34	8.14%	9 784.24	2.94%	333 185.20
2009	31 650.50	6.88%	260 771.70	56.66%	65 884.70	14.32%	90 755.19	19.72%	11 137.30	2.42%	460 199.39
2010	37 091.50	6.71%	303 302.50	54.88%	81 885.32	14.82%	115 866.25	20.96%	14 527.97	2.63%	552 673.54
2011	40 598.77	6.84%	343 635.90	57.88%	96 226.67	16.21%	98 952.78	16.67%	14 339.25	2.42%	593 753.37
2012	43 727.85	6.28%	399 551.10	57.41%	128 185.10	18.42%	108 994.96	15.66%	15 487.93	2.23%	695 946.94
2013	46 859.55	5.99%	447 601.60	57.21%	150 936.00	19.29%	119 747.72	15.31%	17 222.24	2.20%	782 367.11
2014	48 207.62	5.23%	485 261.30	52.64%	178 791.20	19.39%	189 374.40	20.54%	20 234.81	2.19%	921 869.33
2015	51 130.45	5.42%	514 272.02	54.47%	182 999.81	19.38%	174 846.91	18.52%	20 838.07	2.21%	944 087.26
2016	54 532.13	5.15%	571 858.02	54.01%	215 677.33	20.37%	194 391.15	18.36%	22 437.73	2.12%	1 058 896.35
2017	58 160.11	4.89%	635 892.25	53.50%	254 189.94	21.39%	216 120.03	18.18%	24 160.19	2.03%	1 188 522.53
2018	62 029.47	4.65%	707 096.76	52.97%	299 579.59	22.44%	240 277.75	18.00%	26 014.88	1.95%	1 334 998.45

资料来源:1978—2014 年数据来自马燕舞,《中国家庭金融资产分析》,《中国金融》2016 年第 3 期;2015 年数据来自中国家庭金融调查(CHFS)公布的《中国家庭金融调查》;2016—2018 年数据根据 2011—2015 年度的数据进行测算得到。

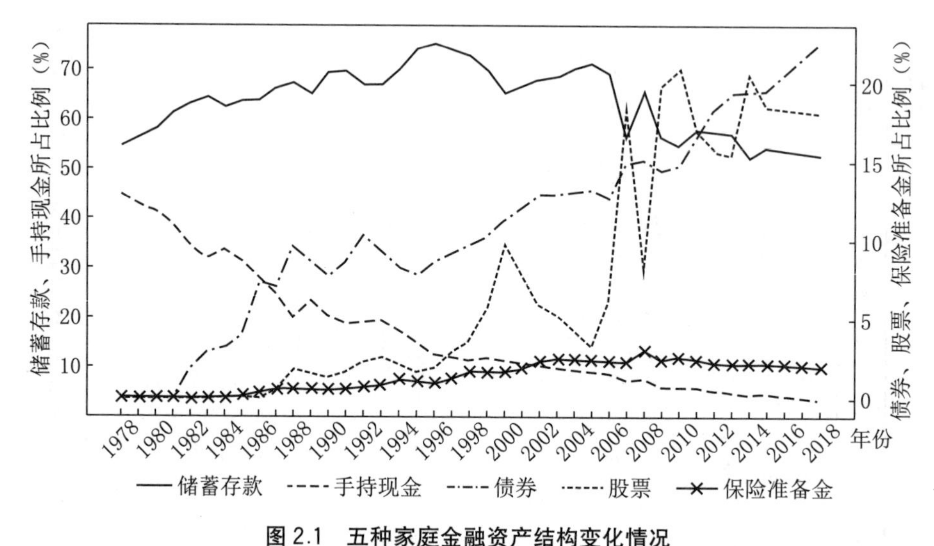

图 2.1 五种家庭金融资产结构变化情况

持有现金不仅无法带来任何收益,还可能因通货膨胀而造成财务损失,这增加了持有现金的机会成本。

另外,根据表 2.1 中关于储蓄存款比例的数据,1996 年至 2006 年,储蓄存款比例始终保持在 65%以上,这一时期正值中国经济快速而稳定的增长阶段;2006 年至 2008 年间,储蓄存款比例有所下降,主要是受到 2007 年股市活跃和股价上涨的影响,那时股市中的小投资者格外活跃,并且政府实施了加杠杆的股市政策。尽管如此,储蓄存款比例的下降并未形成大的趋势,仅降至 50%—60%之间;自 2008 年美国次贷危机爆发后,随着中国经济增速的逐渐放缓,居民家庭的储蓄存款比例再次显示出回调趋势,凸显了储蓄存款作为中国居民家庭最重要的金融资产配置方式的地位。

二是相对于现金和存款而言,保险资产的比例持续稳中升高。随着中国市场经济的持续发展和居民家庭社会活动范围的扩展,家庭面临的不确定性风险逐年增加。在这种背景下,保险的重要性日益凸显,其在社会生活中扮演着至关重要的角色。因此,相对于现金和存款,保险资产的比例呈现稳步上升的趋势。这一结果并不令人意外,因为市场需求的增加促使保险公司设计了多种形式的保险产品,以更精准地满足消费者需求。相较于其他金融资产,如股票、债券和期货,保险资产具有其独特性。然而,从绝对和相对数量来看,保险资产的比例实际上并不高,主要原因在于保险投资的收益率相对较低。因此,尽管保险在风险管理中具有不可替代的作用,家庭购买保险资产的数量仍然有限。

三是股票和债券资产总体呈上升趋势。与现金、储蓄存款和保险金融资产相比，其最显著的特征是波动幅度不断扩大，并具有较高的风险性。自20世纪90年代初中国股票市场建立以来，市场逐步发展完善，丰富的金融投资工具使资本市场更加多元化。随着国民经济的发展，股票的规模不断扩大，越来越多的居民家庭开始接受股票作为一种投资工具，并逐渐增加其在金融资产配置中的比重。根据相关数据，股票在居民资产配置中的比例从1996年的约2%上升到2015年的超过10%。然而，在股市持续暴跌和低迷时期，居民家庭会倾向于减少股票投资，转而增加在储蓄存款、国债、保险等相对安全的金融资产或固定资产上配置的资产。在所有金融资产中，债券比例的增长最为稳定，其中国债尤为受青睐。国债不仅具有国家信用背书，还提供稳定的收益，使其在商业银行下调储蓄存款利率时成为投资者的首选投资对象。随着国家大规模发行国债，居民家庭金融资产中债券的比例持续上升，这表示国债的无风险收益的投资价值逐渐被广泛认可，成为普通家庭长期投资的最佳选择。

四是金融资产多元化局面形成。尽管银行存款和现金依然是居民家庭金融资产的主要持有形式，但随着资本市场的不断完善，居民对多样的金融投资工具和产品的接受度逐渐提高。数据显示，股票的持有比例已有所增长，同时，基金、保险和银行理财产品也被广泛持有，其中保险产品在居民持有的金融资产中占比大约为2%。然而，由于宏观经济环境的波动，高风险金融资产的价值波动较大，这些资产的持有比例和换手率也同样很高，有时居民所获得的收益并不与其持有的金融资产量相匹配，从而导致结构风险的出现。

改革开放以来，中国居民家庭金融资产结构发生变化，之所以呈现为以上四个显著特征，主要原因可以归结为以下三点：(1)中国居民家庭的金融资产配置观念仍较为保守，不愿意承受由投资带来的风险，因此将大量资产配置于存款；(2)中国资本市场不是很成熟，总体来说上市公司的运行质量并不是很高，而且中国居民家庭对股票投资的了解并不充分，大部分居民在投资股票时盲目跟风，频繁进出股市的现象十分常见，导致居民家庭的股票资产配置状态非常不稳定；(3)中国商业保险发展较为落后，保险产品少、保险业务非正规化等现象一直存在，同时居民家庭也普遍缺乏保险意识和相关知识，这导致居民家庭在保险资产上的配置比例相对较低。

另外，根据表2.1和图2.1，由于储蓄存款、股票、债券三类金融资产是中国居民持有的最主要的金融资产,这三类金融产品能够反映居民的金融资产持有特点及变化规律,虽然近年来越来越多的居民选择银行理财产品、信托产品、基金产品等金融产品,但这些金融产品,一方面在金融总资产中的份额还是比较小,另一方面其最终流向大多也是储蓄存款、股票或债券,因此本书将以储蓄存款、股票、债券这三类金融资产作为重点开展研究。

2.1.2 经济周期及其在中国的历史与现状描述

经济周期(business cycle),也称商业周期、景气循环,主要指经济运行中周期性出现的经济扩张与经济紧缩交替更迭、循环往复的一种现象。经济周期阶段的划分方法可以分为两阶段法和四阶段法。为了更细致精确地描述不同周期阶段及其影响,本书采用将经济周期分为四个阶段,即繁荣期(D—E)、衰退期(A—B)、萧条期(B—C)、复苏期(C—D)的划分方法(如图 2.2 所示)。

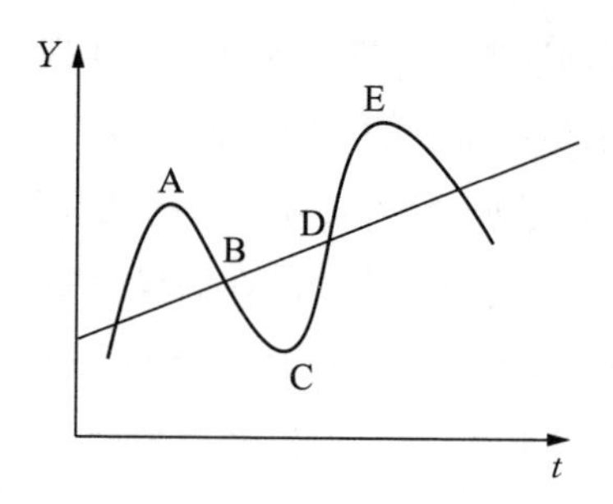

图 2.2 经济周期波动图

经济周期反映为国民总产出、总收入和总就业的波动,衡量经济周期的宏观经济指标主要包括:国内生产总值(GDP)、居民消费价格指数(CPI)、固定资产投资额(FI)、市场利率(R)。本书主要采用三个宏观指标来反映周期波动:国内生产总值GDP 的增长率、居民消费价格指数 CPI 的增长率和一年期整存整取利率 R(见表2.2 和图 2.3)。根据经济周期划分的"峰-峰"法,参照三大宏观经济指标数据可以发现,改革开放以来中国经济经历了四个周期,且越往后每个经济周期的时间越长:第一个经济周期是 1979 年至 1983 年,是改革开放初始阶段,先后经历 4 年时间;第二个经济周期是 1984 年至 1987 年,为中国经济起步阶段,经历了 3 年时间,其间经历了一次微小的通货膨胀;第三个经济周期是 1987 年至 1992 年,经历了 5 年时间，由于当时国内外特殊的政治和经济环境，这个周期经历时间略长；第四个经济周期是 1992 年至 2007 年，是中国经济扩张的关键阶段，其间经历了 15 年的时间，在此期间，中国制造业得到了一定程度发展，为下一个经济周期打下了坚实基础。目前，中国处于第五个经济周期，自 2010 年开始中国经济进入高速发展的关键阶段，但到 2014 年中国经济增速开始调转方向，并持续至今（参考表 2.2 数据），经济进入了“新常态”。

表 2.2　三种宏观经济指标波动情况（单位：%）

年份	GDP 增长率	CPI 增长率	利率	年份	GDP 增长率	CPI 增长率	利率
1978	11.7	0.7	3.24	2001	7.3	0.7	2.25
1979	7.6	1.9	3.78	2002	7.1	-1.4	2.92
1980	7.8	7.5	5.04	2003	9.1	1.2	1.98
1981	5.2	4.6	5.4	2004	10.4	3.9	2.03
1982	9.1	4.6	5.67	2005	12.0	1.8	2.25
1983	10.9	4.6	5.76	2006	12.8	1.5	2.35
1984	15.2	4.6	5.76	2007	14.4	4.8	3.2
1985	13.5	9.3	6.72	2008	9.6	5.9	3.92
1986	8.8	6.5	7.2	2009	9.3	-0.7	2.25
1987	11.6	7.3	7.2	2010	10.1	3.3	2.3
1988	11.3	11.8	7.68	2011	8.9	5.4	3.28
1989	4.1	18	8.64	2012	7.7	2.6	3
1990	3.8	3.1	7.08	2013	7.7	2.6	3.25
1991	9.2	3.4	8.6	2014	7.4	1.9	2.75
1992	14.2	6.4	7.56	2015	6.9	1.5	1.5
1993	13.5	14.7	9.42	2016	6.7	2.0	1.5
1994	12.6	24.1	9.21	2017	6.9	1.6	1.5
1995	10.5	17.1	9.21	2018	6.6	2.1	1.5
1996	9.6	8.03	9.21	2019	5.95	2.9	1.5
1997	8.8	2.8	7.12	2020	2.24	2.5	1.5
1998	7.8	-0.8	5.03	2021	8.11	0.9	1.5
1999	9.6	8.3	9.21	2022	3.00	2.0	1.5
2000	8.0	0.4	2.25				

注：CPI 增长率为各年居民消费价格指数（以上年的指数为 100）减去 100；利率为通过调整日之间的加权平均测算得到的一年期整存整取存款利率。

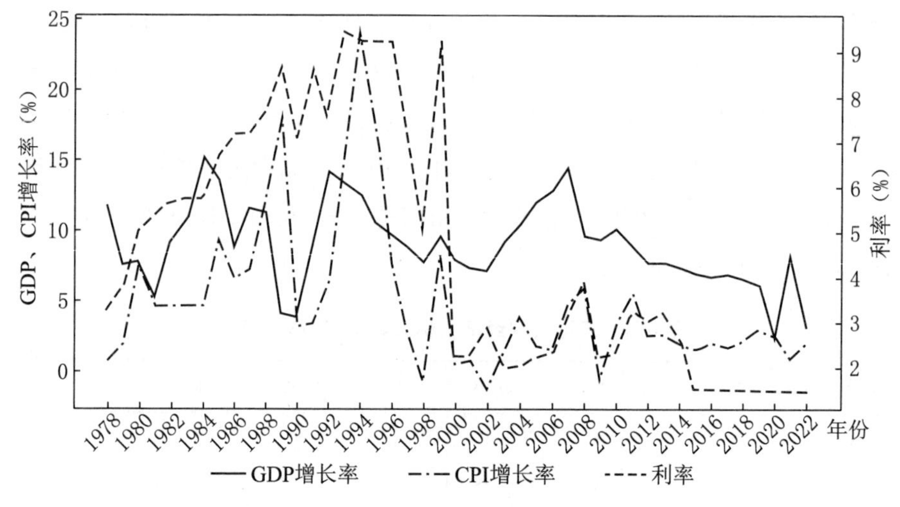

图 2.3　1978—2022 年三种宏观经济指标波动情况

从图 2.3 来看，1978—2018 年改革开放 40 年间，中国 CPI 增长率的周期波动与 GDP 增长率极其相似，且变化趋势相同，从表 2.2 和图 2.3 可以看出 CPI 增长率一般比 GDP 增长率滞后 2—3 年，且其变动幅度要明显大于 GDP 增长率的变动幅度。本书主要是通过加权平均测算的一年期整存整取利率来选择利率的，从所获数据来看，利率的波动较为平稳。银行提供的利率虽然带有一定的宏观调控预期，但不足以反映市场的真实利率水平，但是从图 2.3 中也能看到，GDP 增长率趋势与利率趋势相同，当 GDP 增长率处在较高水平时，利率相应也较高；当 GDP 增长率处于较低水平时，利率水平相应也比较低。从 2015 年至今，GDP 基本稳定于 6.7%上下，而利率稳定于 1.5%。

2.2　居民家庭金融资产配置相关理论与模型

2.2.1　资产配置相关理论与模型

1. 资产配置理论

1952 年，马科维茨提出现代投资组合理论（modern portfolio theory，MPT），经过后续发展得到了以此为基础的资产配置理论。现代投资组合理论是在不确定条件下，家庭或公司配置金融资产的理论，即为证券选择理论。这一理论首先将对个别资产的分析发展为对资产组合的分析，并充分结合投资者的风险态度，分析投资者的资产选择。其中分析了多种证券的资产组合，推导出公式和方法，以此来衡量某一证券或资产组合的收益和风险。这一理论也被称为均值-方差理论。马科维茨认为有效率的资产组合必须符合两个条件：(1)在一定的标准差下，该组合有最高的平均报酬；(2)在一定的平均报酬下，此组合有最小的标准差。也就是说，一个有效率的资产组合必须同时满足的两个条件即为高收益和低风险。马科维茨的资产组合理论分析方法，对投资者而言，有利于选择最佳资产组合，使其投资获得最高收益，或者使其风险最小。该资产投资组合理论极大地促进了现代财富管理的发展，在家庭金融资产管理中具有重要的指导意义。马科维茨论证了在资产配置中分散化投资的重要性，并在其后续研究中以此为基础对资产配置问题进行了更深入的研究。Brinson 和 Beebower(1976)论证了投资者回报主要取决于对投资政策-资产种类的选择及其权重，相反，其投资策略、证券选择和时机选择却对其投资回报基本没有什么贡献。对于资产投资组合管理而言，该研究不仅是一个开创性事件，还确立了资产配置和投资政策的重要性。

2. 资产配置模型

为更准确地描述资产配置或选择行为，学者们基于对投资组合(portfolio selection)模型的研究建立了各类资产选择模型。马科维茨(Markowitz, 1959)的投资组合模型强调，投资组合的有效性主要取决于预期回报率和风险程度两大因素，同等风险条件下选择收益最高的资产是有效投资；Sharpe(1963)在其研究中发展出资本资产定价模型(CAPM)，也即资本市场均衡模型，模型提出如何在金融市场中确定潜在收益最大的证券价格及其所反映的风险，并将资产风险区分为系统性风险和非系统性风险，该模型被视为现代金融学的奠基石；Roth(1976)基于"一物一价法则"建立了资本资产套价模型(APT)，并认为在一个竞争充分的市场中，相同产品一定会以相同的价格出售。

3. 家庭金融研究

西方国家金融业较为发达，家庭金融研究起步较早。美国经济学家兹维·博迪(Zvi Bodie)和罗伯特·默顿(Robert Merton)在其所著的《金融学》(*Finance*)一书中，首次提出家庭在金融理论中亦占据重要地位，且家庭在经济中面临的四种决策是储蓄、投资、融资和风险管理。美国经济学家贝克尔(Becker)在《家庭经济分析》中提出"家庭经济"概念，将家庭界定为生产主体，在家庭生产函数中将时间约束、消费效率和知识等家庭差异纳入选择理论；Modiglian 和 Richard(1954)的生命周期理论和 Friedman(1957)提出的持久收入理论，都探讨了居民家庭如何在消费和储蓄之间进行资源配置。

2.2.2 标准普尔家庭资产象限图

标准普尔(Standard & Poors)是全球最具影响力的信用评级机构，其成果被视为金融投资界的公认标准，且这一机构提供被广泛认可的信用评级、独立分析研究、投资咨询等服务。该机构调查了全球 10 万个资产稳健增长的家庭，并运用科学的分析方法总结出了一套公认为最合理稳健的家庭资产分配方式，将其命名为“标准普尔家庭资产象限图”，如图 2.4 所示。

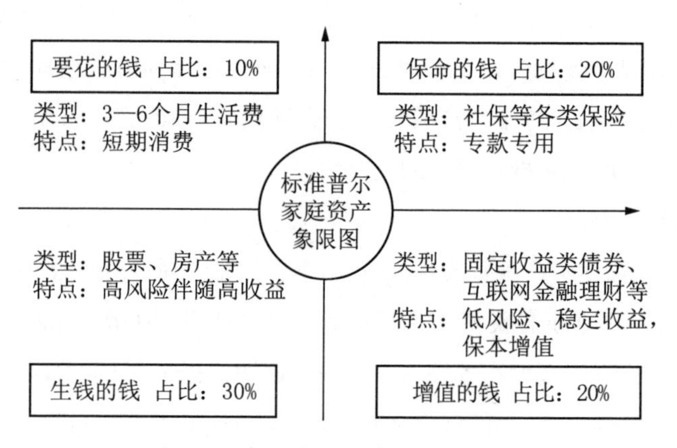

图 2.4 标准普尔家庭资产象限图

标准普尔家庭资产象限图把家庭资产分成了四个账户，其中四个账户的作用与资金的投资渠道各异。拥有了象限中的四个账户的居民家庭，只要按照象限中所设置的合理比例进行配置，就会使家庭资产得以长期、持续、稳健地增长。

长期收益账户(“保命的钱”)，其中的资金即为保本资金，是保障家庭成员的养老金、子女教育金、信托金等，一般占家庭资产的 40%。该账户资金是必需的，且属于提前准备的资金。由于这类账户不为追利，仅出于保本升值的目的，因此，首先必须保证本金不能损失，并可在一定程度上抵御通胀，故其收益并不一定很高，属于稳健收益型。最为重要的是这属于专属资金：一是不能随意取出使用；二是每年或每月有固定的资金进入该账户，才能积少成多；三是受法律保护，要和企业资产隔离，不能用于抵债。

日常开销账户(“要花的钱”)，是满足基本生活所需的资金，是家庭 3—6 个月的生活费，一般占家庭总资产的 10%。这部分资金一般存放于活期存款账户，属于货币资金。该账户保障家庭短期开销、日常生活，如购买衣物、美容、旅游等的资金都应从此账户中支出。该账户应是每个家庭都具有的，但更多情况下该账户存在的问题是资金占比过高，家庭在此账户花销过多，而影响其他账户的资金。

杠杆账户（“生钱的钱”），这部分资金属于保障资金，其目的是“以小博大”，发挥杠杆的功能，主要用于处理家庭中突发事件所引起的大额资金支出，一般占家庭资产的 20%。该账户保障“专款专用”，在突发事件（如意外事故、重大疾病等）发生时，专用资金能够有效发挥其功能，保障家庭有充足资金可用。该账户主要用于购买意外伤害和重大疾病险，利用少量的资金投入换取更大的收益，同时又不承担时间风险，以小博大。平时该账户的作用无法看出，但关键时刻，只有此账户的资金可在家庭急需资金时避免卖车卖房、股票低价套现或四处借钱的尴尬。若无该账户资金，家庭资产将随时面临风险。

投资收益账户（“增值的钱”），这部分资金属于投资资金，一般占家庭资产的 30%，为家庭创造收益，进行价值投资，以获取高回报。该账户为家庭创造高收益，需要家庭成员具有专业投资知识，或聘请金融理财专家，以赚取更多家庭财富。投资产品主要涉及股票、基金、房产、理财产品等。一般城镇居民家庭应该都有该账户。该账户关键在于金融产品以合理的比例配置，使其低风险高收益，且无论获利与否都不会影响家庭，使其在投资过程中可以从容抉择。

以上四个账户的关键在于账户之间的平衡，若保命账户或保本升值账户资金空缺，就表明家庭金融资产配置不合理、不科学，需要对家庭资产重新进行合理的配置。

2.3　经济周期的传导效应及其对居民家庭金融资产配置的影响机制

2.3.1　经济周期的传导效应

凯恩斯（Keynes）的经济周期理论和基德兰德（Kydland）与普雷斯科特（Prescott）的真实经济周期理论，详尽阐明了经济周期产生的内在逻辑，成为了现代经济学界的主导经济周期理论。而金融经济周期理论则是通过在以上两种理论的基础上作了相应的补充而得到的。这一理论首先遵循金融市场和各种实体经济间的逻辑关系，其次对金融风险的传导效应进行分析。因此，本研究以经济周期理论、真实经济周期理论和金融经济周期理论为理论背景，探究经济周期波动下中国居民家庭金融资产的选择和配置行为，并对其中的影响机制进行解释分析。

1. 经济周期理论

凯恩斯的经济周期理论主要从心理因素角度来研究经济周期理论。1936年凯恩斯在《就业、利息和货币通论》中提出，经济的发展一定会出现从向上开始、向下发展、再重新向上的周期运动轨迹，且具有一定的规律性。“繁荣”和“恐慌”是经济周期四个阶段“繁荣、恐慌、萧条和复苏”中的两个非常重要的阶段。在“繁荣”后期，由于资本家对未来乐观的预期和判断，生产成本会逐步降低，或者货币成本降低，投资进一步加大。但是事实上，随着生产成本增加，资本边际效率不断下降，利润会跟着降低，而这与资本家预期相反，其投资力度进一步加大，同时，投机分子对未来收益也会做出非理性的预期，结果就是购买大量的投资产品，使得资本边际效率突然崩溃。随之而来的是资本家对未来信心的逐渐丧失，导致人们灵活偏好大增，进而使得利率上升，投资成本大幅下降，于是经济危机来临。危机之后，便进入经济萧条阶段，该阶段资本家依然信心不足，资本边际效率不容易恢复，后果即为投资不振，生产萎缩，就业不足，商品库存积压，经济不景气。未来随着资本边际效率渐渐恢复，经济又会再一次进入繁荣阶段。经济周期产生的主要原因是资本边际效率的循环性变动，其周期一般是3—5年，其决定因素是固定资产寿命、人口增长速度、过程存货的保藏费用和生产资本耗完所需要的时间。

凯恩斯经济周期理论揭示了资本主义爆发危机的主要原因，即有效需求不足导致生产过剩。主要有三大心理规律影响并决定有效需求的消费和投资需求。一是边际消费倾向递减规律。人们的消费会随着收入的增加而增加，但是到了一定程度后，其消费则会随着收入的增加而不断减少。二是资本边际效率递减规律。资本家的投资会随着投资收益的增加而不断增加，当投资与收益不成正比之时，其投资就会随着收益增加反而递减。三是流动性偏好规律。由于存在交易动机、谨慎动机和投机动机，人们在心理上对现金持有保有一定的固有偏好。

资本边际效率指预期增加一个单位投资所得的利润率。资本边际效率下降，是凯恩斯理论中造成有效需求不足的基本原因之一。而这一原因影响了人们的消费与投资需求，起初随着资本的不断投入，产出幅度相应会不断上升，但是到了一定峰值后，随着资本存量不断地提升，产出的变动幅度反而会下降，即资本边际效率递减效应。同理，边际消费递减规律亦如此，随着人们收入的增加，受到的刺激后消费也会增加,但等收入增加到一定水平后,消费反而下降了。流动性偏好规律中,人们具有为了日常生活开支方便而进行交易的意愿,同时也有寻求更大收益的投机行为,以预防未来发生意外,因此人们更加会偏好持有现金。

因此,凯恩斯经济周期理论认为人们的消费、投资和现金留存的比例都会影响有效需求,一旦有效需求不足,经济周期就会显现。该理论的重点是关注经济衰退产生的原因,但对于走出经济衰退的内在动力却没有做任何解释。而凯恩斯认为化解经济危机的根本方法是政府宏观调控。居民家庭金融资产配置是居民的可支配收入在消费(S)、投资(I)、现金留存(M)之间的选择分配,居民家庭金融资产占总收入的比例会影响宏观经济周期的形成与变化。同时,具有不同作用以及风险的金融资产影响宏观经济周期波动的结果也会出现差异性。

2. 真实经济周期理论

基德兰德与普雷斯科特分别在 1982 年和 1990 年提出真实经济周期(real business cycle, RBC)理论,该理论属于自由放任的新古典宏观经济学派,在经济学界中一直独占鳌头。该理论认为市场失败是有效的市场机制遭受冲击后的反应,并非经济周期的原因所致。生产函数模型是该理论分析的基础,不仅可以对各类投入产出效率进行分析,同时还可以对实际冲击对经济波动的影响进行有效的解释。

真实经济周期理论认为经济体系之外的冲击是经济周期的根源,其中技术冲击即为一个主要外部因素。随着科技的不断迭代提升,科技对经济周期的延长和缩短都会造成直接影响。也就是说经济周期是理性预期外部冲击引起的经济主体变动程度,从而引发并导致劳动供给和消费调整的帕累托最优结果。同时,该理论依然认为市场调节是有效的,经济周期的任何阶段都处于经济动态均衡状态,政府的干预则会引起负面效应,比如人民生活福利下降。因此,在经济发展过程中,政府的干预毫无意义,即市场机制本身是完善的,在市场自我调节下,经济发展会自我修复,达到动态均衡状态,并不存在长短期的问题。比如,每一次技术突破引起的投资热都会带动经济走向繁荣,但随之而来的资源价格上升又可以抑制过热的经济并使之恢复正常状态。因此,市场机制的这种调节是反时的,只是引起经济微调,不会引起经济大起大落。真实经济周期理论大致包含四方面内容:外部冲击是经济周期的根源;经济主体具备理性预期能力;经济周期任何阶段皆符合帕累托效率均衡;政府干预对经济周期的无效性。

该理论中最为重要的一点是用真实外部冲击完美解释了经济波动。Prescott

(1986)的研究将真实周期理论模型用于解释大部分的经济波动,解释了多种外部变动对经济的冲击,例如:货币政策、技术变动、政府采购变动和其他不确定的自然因素等等。同时,真实经济周期理论通过名义货币波动的相对影响,将经济周期波动与金融风险关联在一起。

3. 金融经济周期理论

金融经济周期理论,即为金融体系对经济周期产生显著影响的运行规律。世界各国经济学家关注金融因素在经济周期中的作用机制已久,Bagehot(1978[1873])首次将金融因素代入经济周期模型中,尝试建立内生性经济周期理论,并提出金融脆弱性概念。其后,信贷理论的发展奠定了金融经济周期理论的基础,其中涉及信息不对称下的金融市场缺陷、道德性风险、逆向选择、代理成本、债权融资契约等因素,金融冲击通过金融市场的内生性机制被放大,从而影响企业投融资,导致经济剧烈波动。

信贷周期理论是金融经济周期理论体系中最重要的理论之一,其"货币中性论"一直占据主流地位。随着时代的发展,新的经济模式和金融创新取得了更大成就,经典理论的假设越来越受到质疑。实践中各类金融资产不存在完全的可替代性。对于企业而言,其融资方式更偏向于银行的间接融资,且其内部融资成本远低于外部融资成本。货币中性论和 MM 理论对该现象无法做出解释。同样,这些理论也无法解释资产跨国快速流动导致经济短期剧烈波动的现象。

20 世纪 80 年代,著名学者 Bernanke(1980)等通过对货币和证券"中性论"的批判,突破了该理论的发展局限,并建立了金融周期理论框架,为后续该理论的研究打下扎实理论基础。金融经济周期理论的核心观点是金融体系波动对经济周期的影响较强。该理论认为,当外部冲击对金融活动产生冲击时,持续性经济波动和周期变化会通过金融体系传导而出现。由于流动性更高,金融体系中金融风险随着其波动传递到实体经济的概率增大。历史经验表明,每一次金融危机都会引发一定程度的经济危机。比如,1997 年的亚洲金融危机在东南亚各国(地区)均引发了不同程度的经济危机,其中日本的情况最为严重;2008 年美国次贷危机在美国和欧洲所引起的经济危机,其影响时至今日依然存在。因此,一个国家或地区的金融风险累积与集中爆发,最终都会导致其实体经济波动。

金融经济周期理论延续了理性预期学派和货币主义学派的思想,认为金融因素是经济周期形成和传导的重要影响因素,重点关注预期在经济周期中的影响。

金融周期理论的核心观点是:金融冲击放大是由于金融市场存在缺陷,表现为“金融加速器”效应。也就是说,即使外部冲击趋于零,但是因金融摩擦存在,金融加速器将会无限放大该外部冲击,从而导致经济出现剧烈波动,因而这种类型的经济波动是具有一定确定性的。在金融经济周期中,“银行信贷渠道”和“资产负债表渠道”是最重要的两个传导机制,其前提条件是借贷双方信息不对称和存在金融摩擦。

基于金融经济周期理论,金融体系以金融市场为媒介,其风险传导通过利率和资产组合等渠道进行。其中的利率渠道,主要指因负面的外部冲击而引起名义利率提升,进而导致家庭持有的货币余额降低,但居民偏好获取更高的投资回报,这又会抑制有效需求与总产出。所谓的资产组合渠道,主要指宏观经济对居民家庭的影响因其所拥有的金融资产类别的不同而不同。因此,在选择金融资产时,居民家庭会综合考虑风险评估结果和自身风险承受能力,决定家庭金融资产组合中资产配置的选择。

2.3.2　宏观经济周期对居民家庭资产影响机制的理论引申

基于经济周期理论、真实经济周期理论和金融经济周期理论,我们可以认为,宏观经济周期的传导效应对居民家庭资产选择与配置行为会产生一定程度的影响。首先,一个具有理性又偏好平滑消费的个体家庭,在经济繁荣时更愿意持有高风险资产(比如股票、基金),在经济萧条时则会更愿意持有风险较低的金融资产(比如储蓄存款、债券)。其次,由于居民家庭拥有的不同类型家庭金融资产对外部冲击的敏感性具有很大差别,其金融资产选择及各类金融资产持有比例会依赖于其对宏观经济的预期和对风险评估的结果。由此我们可以得出一个初步的理论判断,即宏观经济周期波动会通过影响金融体系进而影响居民家庭金融资产选择与配置。

第 3 章　中国居民家庭金融资产配置现状与发展趋势

居民家庭与社会中每个系统都紧密相连，是这个社会生活的基础和重要组成部分，对一国经济的稳定发展至关重要。家庭金融已成为学术界非常重视的研究领域。所谓家庭金融，就是一个家庭如何基于宏微观视角，科学地将家庭资产通过金融工具进行有效投资的一门学科。一般情况下，家庭通过传统的金融工具，比如债券、基金和股票等一系列证券金融工具，来实现家庭投资收益最大化，并且获得最优家庭资源配置。

3.1　中国居民家庭金融资产配置现状

改革开放以来，中国经济发展取得了一定的成就，金融市场日臻完善，居民家庭收入得到了很大的提高，其财务管理意识也随之变强，因此，金融资产的投资选择在家庭决策中的重要性也日益凸显。因为中国的居民家庭越来越多地参与到金融市场中，家庭金融资产的持有比例提高了，但是面对金融市场不可避免的市场风险，引导居民家庭在金融资产配置上的理性行为就显得尤为重要。居民家庭资产主要分为实物资产和金融资产，后者又可以细分为安全家庭资产和风险家庭资产。随着经济全球化，各国经济发展取得了不同程度的进步，世界范围内的家庭金融资产状况也发生了巨变，居民家庭持有的股票和债券等有价证券的占比在不断上升，存款和储蓄的占比在逐渐下降。通常情况下，根据金融市场规律，金融资产高风险高收益、低风险低收益，家庭金融资产配置同样需要遵循“安全”前提下收益最大化的原则。作为社会最小部门微单元的家庭，则更加需要坚守谨慎原则，以“安全原则”为第一，在确保资产安全的基础上追求收入的最大化。利用家庭资产进行投资时，决策者必须首先遵循安全原则进行相关风险的控制，将风险造成的损失限制在家庭所能承受的范围之内。

《中国家庭金融资产配置风险报告》(以下简称《报告》)是2019年西南财经大学的中国家庭金融调查与研究中心(CHFS)，基于全国25个省、80个县、320个社区共8 438个家庭的抽样调查，对其数据进行汇总分析撰写而成，其权威且翔实的内容填补了国内金融研究的空白，客观分析了中国居民家庭金融资产配置现状。《报告》中的数据显示，中国家庭资产配置中，金融资产配置比例较低，其占总资产比重仅为10%左右，但是该比例在不断上升。也就是说随着中国金融产业不断取得成就，居民参与金融市场的意愿和比例也在不断提高，但是其速度与国际上的这一速度相比较低。甘犁等(2013)的研究数据显示，中国家庭参与股票市场的比例仅为8.8%，股票资产在家庭金融投资资产中的比率为15.4%，在家庭金融市场中仍然处于低位。

与美国、法国、英国等国家相比，中国家庭金融资产配置比例在世界上也处于较低水平。2015年，美国家庭的金融资产占总资产的69%，在与中国邻近的日本这一数字也同样高达61%。英国、瑞士、加拿大和新加坡的金融资产配置比例相对较低，但都超过了50%，远高于中国。

中国家庭最重要的金融资产是储蓄，占比46%。现金及储蓄类资产所占比例超过50%，与日本家庭非常接近。相比之下，欧盟和美国的储蓄资产配置比例要低得多，分别为34.4%和13.6%。中国其他家庭资产配置的主要情况是：社保占15%，股票占11%，贷款占10%，理财产品占7%，现金占5%，基金占3%，债券占0.4%，其他金融资产占2%。

从以上数据可以看出，中国家庭资产配置与发达国家相比，不合理之处主要表现在两方面：第一，金融资产配置结构不合理，主要体现为存款占绝对主导地位、高风险股票占比较高，整个金融资产组合的分布较为极端；第二，金融资产配置比重偏低，呈现下降趋势。从投资收益率来看，存款的收益率和风险最低，股票投资的收益率和风险最高。由于储蓄的过度配置，家庭难以充分共享经济发展带来的红利,而由于过多地投资于股票资产,家庭往往面临过高的风险。中国家庭在债券、外汇、期货和其他市场的参与度较低。这种极端的投资组合不能有效地实现家庭财富的大范围增值,也在一定程度上反映了中国家庭投资的盲目性、随意性和非理性。

根据《2018 年中国城市家庭财富健康报告》,2018 年中国家庭平均净资产的规模为 1 542 000 元,平均总资产的规模达到了 1 617 000 元,家庭平均投资资产的规模为 557 000 元。可见,居民收入水平明显高于以往,投资资产的规模也在不断扩大。然而,传统的资产储蓄方式已经不能满足人们增长的投资需要,近年来随着中国房价的上升,在中国城市家庭总资产中住房资产占比已经达到 78%以上。在 2013 年 CHFS 的年度调查中,住房资产占比为 61.5%,这表明中国居民对房地产的投资热情从 2013 年到 2018 年几乎没变。与此同时,银行存款占家庭资产投资的 42.9%,其次是金融产品占 13.4%,股票占 3.2%,债券占 0.7%。

中国家庭金融资产配置模式是稳定的,但这种稳定不是一种一成不变的稳定,在市场经济的推动下,中国家庭金融的资产配置情况出现了一些新变化,这些新变化有好的一面,但也有不好的一面,可能会带来金融资产安全的问题。一直以来,中国家庭金融资产的结构过于保守,特别是在 20 世纪 80、90 年代,中国的家庭金融资产配置主要以储蓄为主,很少出现其他的资产配置。2000 年之后,国际形势不断发展,中国家庭金融资产的配置结构发生了一些新变化,逐渐呈现多元化的发展趋势,但是变化速度缓慢。对于大多数家庭而言,在进行金融资产配置时,节省资金仍是第一考虑要素。2010 年以来,中国家庭金融资产配置开始关注基金资产配置,也是从这时开始,中国的基金市场开始活跃起来。当下,人们开始更加关注保险资产的配置,更多的家庭愿意花费部分资金购买各种保险,以防范家庭风险。

中国家庭金融资产的配置情况受到家庭总收入的制约。通过分析家庭收入和财富构成,可以全面梳理家庭收入来源的模式和结构,显示家庭财富总额和各类资产占总资产的比率。在某种程度上,它可以说是居民的"资产负债表"。如果在分析中加入时间的维度,就可以进一步描述居民财富的演变趋势。诚然,家庭收入与家庭资产密切相关(邹炜,2008),但两者之间也有显著的差异。收入是一个时间段的概念,而家庭财富则是一个特定时间点的概念,这也像是"资产负债表"和"利润表"之间的关系。

随着中国金融市场的发展，人们对中国家庭金融资产进行了一系列研究。尽管目前国内一些学者在对家庭金融资产的统计分类和实务操作上存在差异，他们的研究结果还是基本一致的。在联合国推出的国民经济核算体系中，金融资产的分类包括：货币、黄金、特别提款权、存款、证券、股票、衍生金融工具、贷款以及其他资产（如保险准备金、特别储备、应收账款和应付账款）。金融资产实际上是国民经济各部门资产负债表所记录的全部金融资产和负债。中国国民资产负债核算的资产核算口径和联合国不一致。金融资产包括货币、存款、贷款、股票及其他收益、有价证券（不含股票）、保险准备金等。

居民的收入往往与居民福利和贫富差距有关，这也是经济学界中消费学领域研究最为关注的问题之一（Atkinson and Morrisson，1992；Appleton，2005）。国内学者的研究关注居民的家庭收入，特别是针对在中国转型时期广泛存在的城乡二元差别，中国居民的家庭收入的研究注重研究城市与乡村家庭之间收入的差别。对于家庭收入变化的研究主要集中在微观层面，而对于家庭财富的增长和变化的研究则主要集中于宏观层面。翟凤英等（2006）利用中国人口营养与健康调查数据，分析了1989—1997年城市和乡村居民的收入稳定性。研究发现，持续性高收入的家庭主要集中在城市地区，农村家庭处于持续性贫困状况的比例较高，且在农村的富裕家庭的收入并不是十分稳定，与此同时家庭收入的变化会随着家庭成员的职位、受教育程度和家庭收支计划的变化而改变。杨穗、李实（2017）通过城乡家庭调查数据发现，2011—2013年城市和乡村的家庭收入的流动性下降，收入阶层开始有固化的苗头。以往的研究由于数据的可获得性的限制，大多都会从整个家庭收入入手，研究其变化和演变。

近年来，随着家庭收入和财富水平的提高以及微观数据可获得性的提高，从家庭金融的角度对家庭的财产收入进行研究具有十分重要的意义。当居民的财产增加到一定程度时，存款、房地产等财产收入占总收入的比例将持续增加。另一方面，房地产收入是反映家庭财富运作效率和分析家庭资产组合有效性的重要指标，与家庭投资选择和资产组合结构密切相关。此外，对家庭收入和财产收入构成的研究也越来越受到重视。家庭资产数据的获取无疑在家庭财务问题的研究中起着决定性的作用。根据对家庭数据来源的区分，现有的获取家庭财富的研究方法可以分为直接法和间接法。直接法是以获取的家庭数据为基础，对家庭总资产进行汇总和细分后进行分析的方法。间接法是获取那些相对比较容易获得的宏观数据，通过一系列的统计方法将其还原为家庭的原始资产数据，进而间接分析家庭可能在未来会发生的财务问题的方法。

家庭资产的选择属于居民财务行为研究的范围。广义的财务行为是指任何与财务管理相关的行为，包括如何获取资金以及之后如何管理并使用资金（Xiao，2016）。财务行为的概念非常宽泛，进一步划分就会涉及家庭资产的收入、支出、借贷、储蓄和维持（肖经建，2011）。在家庭层面，它指的是家庭利用金融市场实现自身目标的行为（Campbell，2006）。有的研究将家庭财务行为分为投资组合决策和消费决策（刘海飞、李心丹，2010）。前者是本书的核心研究对象。Dew 和 Xiao（2011）的研究衡量消费者的金融行为，包括现金管理、贷款管理、储蓄和投资，以及保险管理。从中国金融市场的发展和数据的可得性来看，中等收入群体的资产选择行为研究基本遵循上述框架，主要集中在家庭保障资产、风险资产投资、资产配置等方面。

此外，大量关于家庭收入和家庭财富的研究表明，家庭资产选择具有一定的层次特征（肖经建，2011）。也就是说，家庭在考虑分配资产时，首先分配安全流动资产，然后参与风险资产的分配。某一市场的参与选择、参与程度和参与效率，会随着家庭因素的不同而不同。与经济研究的重要对象家庭储蓄相比，家庭金融研究特别关注与家庭风险资产配置相关的情况。例如，股票、基金、债券和黄金市场是家庭共同的风险资产投资目标，是否参与相应的市场和参与程度的高低是家庭金融研究所关注的重要指标。

3.2　居民家庭金融资产配置存在的问题

中国家庭金融资产的配置存在若干问题，表现突出的问题主要有以下四个：

一是家庭金融资产的投资规模过小，投资形式也较为单调。根据《2018 年中国城市家庭财富健康报告》的数据，中国的城市家庭金融资产占比仅为 12%；在美国，金融资产占总资产的比例是 43%；在日本，这一比例达到了 61%；而在英国、新加坡和瑞士等国家这一比例也均超过了 50%；在加拿大为 49%；在法国为 40%。此外，根据美国私人财富管理协会 2024 年的调查数据，67.7%的中国城镇家庭只有一种投资方式，22.7%的家庭有两种投资方式，9.6%的家庭有三种以上的投资方式。总的来看，居民的投资形式还是相对单一，投资组合意味着用更少的风险获取更高的预期回报，这可以通过不同类型资产的有效配置来实现。相比之下，62%的美国人的投资产品种类超过三种，而中国居民的投资形式非常单调，大多数城市居民十分热衷于将大部分甚至全部资金都投资于房地产或直接存进银行，这意味着其他金融资产投资的使用相对较少，资产投资的广度和深度明显不够，显得十分片面。近年来，中国经济提倡可持续发展，中国GDP已经排在世界第二位，人均可支配收入也在逐年上升，但中国的家庭金融资产的配置却呈现出发展不平衡的特点。中国家庭的金融资产配置的种类和结构都不够丰富，内部的构成比例也较为单一。而家庭在获得一定金额的资产后，更愿意将这些资产投资于固定资产或存入银行。人们对固定资产和储蓄有一定的依赖感，但这种依赖感是由传统意识带来的。实际上，固定资产并不能使家庭有能力承受一些突发的风险，更不能保证他们挣到的钱不会贬值。而同样地，对于市场来说，太多的固定资产也可能成为负担，因为这可能需要缴纳大量的税费。中国家庭还没有意识到多元化的资产配置的重要性，尤其是一些中老年居民，更没有注意到保险投资的重要性。

二是家庭金融资产在投资方式上存在着一种“羊群效应”。由以上数据可以看出，在中国居民的家庭资产配置中，持有的房地产和银行存款仍占大头，投资行为呈现出一种“羊群效应”，也就是说，中国家庭经常学习和模仿周围家庭的投资活动来进行自己家庭的投资。随着近年来房地产价格的持续上涨，越来越多的居民开始认为房屋才是相对稳定的资产。更重要的是，当他们了解周围家庭的投资活动时，他们发现绝大部分的钱都投到了房地产上。即使房地产政策略有变化，房地产的价格可能会有短暂下跌，但他们认为房地产是稳定的固定资产，人们觉得有形的投资的价值比看似无形的互联网金融资产要稳定得多，尽管成本收益率可能完全不可比较。同时，选择将资产存入银行也是中国居民家庭非常偏好的一种投资行为。人们认为银行是由国家管控的金融机构，安全性非常高，虽然银行带来的利息收入不高，但可以基本确保钱的安全，不需要担心风险，于是居民就习惯性地认为这是最稳定的金融资产的投资。当然，这也间接反映了中国居民的理财观念，他们并不认为通货膨胀是影响如何进行投资的主要因素。大多数人只相信稳定的国有金融机构，对于新的金融投资模式他们仍然持观望态度，甚至回避这些模式。

三是金融投资的能力较低，家庭金融资产主要集中在核心家庭的手中。一般来说，相比较年轻且已拥有了一定财富的家庭，那些积累了足够的金融资产、有一定经济能力进行家庭资产配置的家庭(家庭成员年龄大约在30—40岁左右)大多在家庭理财理念上都比较落后和保守,从而导致相应的投资理财能力较低。如果只是把家庭收入简单地存入银行并以此当作投资,那么这将是获得的收益最低的方式,并且由于银行利率可能跟不上通货膨胀的步伐,还可能会出现负增长。在国外,特别是在美国等一些发达国家,家庭金融的投资早已经多元化,但相比之下,中国人和中国家庭仍比较保守。在金融投资过程中,为了合理规划投资者的资产,有必要建立相应的投资概念,了解各种投资种类和形式,而不是只"担心"投资资金的风险状况。其实,很多投资理财的手段都是低风险的,只要能够合理操作,控制好理财的时间和金额,家庭资产不会有直接损失。

四是中国家庭对于风险的控制能力较低。在当前的背景下,中国家庭金融资产配置的过程容易产生一些财务风险,这不仅是由于金融投资标书本身的风险,还是因为许多家庭金融资产在配置期间并没有提前制定一个详细的计划,没有看到或者没有清楚地理解投资标书的属性,比如标书自身所存在的风险,或者投资机构的运营状况是否属实等等。近几年,社会上出现了很多非正式的基金管理公司,其投资标书提供了虚假或者夸大的信息,但由于投资者没有投资方面经验,自然也缺乏辨别标书信息真伪的能力和意识,非常容易被高利率的宣传所吸引,最终可能导致他们的资产流失。中国居民仍然缺乏金融、金融管理和相关法律的知识,在缺乏这些基础知识的情况下,风险无法识别和控制的问题是不可避免的。

3.3 居民家庭金融资产配置现状产生的原因

从微观层面来讲,现在中国居民家庭金融资产配置现状形成的原因之一是中国居民对金融投资工具的认识不足。尤其是对于在乡村的居民来说,他们中的大多数只是投资于房地产、银行存款,对股票、保险等其他投资工具的理解还不够深入,对商业保险的理解不足,同时居民对于股票、期货、债券、期权和其他证券投资工具的认识不彻底,往往会认为它们是高风险的金融产品,认为其投资回报反复无常。二是投资的"非理性行为"。行为金融学意义上的非理性,是指市场参与者没有完全按照理论模型进行投资,这种非理性在投资活动中具有显著的影响和作用。居民在资产投资时一般受损失厌恶和风险偏好的影响,往往不会充分考虑理论模型对家庭资产配置的指导作用。因此，由于非理性行为的影响，居民在进行家庭资产组合配置时的选择就较单调，不同资产之间的投资规模所占的比例的差异也相对较大。

从宏观层面来讲，国家的社会经济环境和相关金融机构的建设也会影响到家庭对于金融资产的选择。随着传统经济模式发展为新型互联网金融，人们的投资渠道变得更多，因此金融市场的秩序也变得十分重要。但当下对于金融市场的监督仍有许多缺陷，尤其是现在出现的新型金融机构和新的金融环境漏洞，比如一些公司借壳上市、证券机构的内幕交易，以及网络借贷平台市场发生的诈骗案件等等，需要国家财政管理系统和监控系统的进一步完善，并在此基础上完善金融机构的信用建设和监管，为中国居民家庭金融资产提供一个良好的投资环境。

此外，财富水平是影响家庭在金融市场进行投资的概率和深度的重要因素之一。肖争艳、刘凯(2012)利用奥尔多研究中心的调查数据分析了中国城市和乡村居民的家庭资产配置行为，发现中低收入家庭往往会选择较为单一的资产配置，而高收入的家庭则不同，大多会选择多样化的资产配置，他们会选择风险类型资产，尤其是股票、基金、金融产品等风险资产。2017年，中国人均GDP仅为8 836美元，与美国、欧盟等发达国家和地区相比，中国人民的生活还不算十分富有。巨大的财富水平差异导致中国家庭的金融资产配置结构与发达国家和地区相比存在较大差距。所以，中国家庭在配置风险性金融资产上投入较低，金融资产的配置还是依赖银行储蓄。

中国家庭金融投资种类多元化水平较低的原因还在于其金融知识整体水平较低。根据CHFS调查报告，超过一半的家庭不参与金融风险市场，因为他们认为自己不了解相关知识。中国资本市场起步晚、发展慢，许多居民从没有接受过或主动了解过系统的金融知识教育和培训，普遍缺少金融管理知识，不能根据家庭的实际情况来设定资产配置目标，不能根据自己获取到的信息对金融市场有一个正确的认识，这也是导致家庭资金闲置或直接存入银行的状况产生的原因。此外，中国居民家庭获取理财新闻和知识的渠道较少，通常都是通过电视节目、互联网消息或自媒体平台等渠道获取信息，这样一来，居民就容易被这类渠道中的主观评价误导，因为这种评价并不是客观的，甚至是片面的，更容易使居民盲从。

胡振等(2015)的研究指出，居民的健康状况会影响家庭风险资产占总资产的比例,他们认为居民的健康状况也是影响家庭金融资产组合选择的一个重要因素。健康状况不佳的居民在医疗保健上的支出更多,这就使家庭能够支配的资产减少。这样一来,家庭在资产投资方面更加消极,会减少金融资产的投资,特别是股票、基金这一类风险资产的持有,从而间接降低了家庭参与风险市场的概率和范围。甚至有一些家庭会将投资于风险资产的资金转移出来,用于进行健康方面的治疗。尤其是与欧盟及美国的发展成熟的社会保障体系和广泛的医疗覆盖范围相比,中国居民家庭仍然需要自己支付大额医疗及重大疾病方面的费用。而同时健康状况也会对居民的心理产生影响,进而影响到居民对未来资金的预期。因此,在可支配收入的资产配置中,中国家庭不可避免地倾向于投资高流动性和低风险的金融资产,也就是房地产和银行存款这一类资产,以满足预防性储蓄动机。

除了居民自身的观念和健康状况,整个社会经济的宏观背景也是影响家庭参与金融市场的主要因素之一。Antzola 等(2010)的研究表明,金融环境和金融体系对家庭资产的配置有重要影响,居民的投资决策通常是在特定的金融环境或金融体系下做出的。因此,他们的行为会受到社会环境的变化和政治、经济制度变化的影响。与欧美等发达地区的金融市场及其开放的金融体系相比,中国金融市场表现出市场较小、产品种类少、期货门槛高、外汇限制多等特点。中国资本市场起步晚,时间短,发展较为缓慢,相关金融操作和监督制度并非完美无缺,这也对中国家庭的金融资产投资造成了一定的阻碍。因此,中国社会整体金融环境和金融体系发展相对落后,是债券、期货、外汇等金融资产在家庭金融资产配置中所占比例较低的主要原因。居民家庭资产配置受制于有限的收入。在中国,家庭主要是根据风险水平从低到高进行投资选择,低收入家庭选择投资低风险资产,通过积累投资经验和投资收入,逐步增加风险资产投入的比重。与存款相比,传统的三大金融工具股票、债券、基金则属于高风险的金融资产,而在家庭金融资产投资中,存在风险资本转让成本和交易成本,因此在家庭投资股票的过程中,考虑到成本因素,其投资将相对较少。

中国居民家庭资产配置的现状表现为以下四点。(1)居民在金融产品的投资方面实现了快速增长。在金融市场进行了改革之后,金融产品的种类有所增加,人们对金融产品有了更多的了解,促进了中国金融资产结构和种类的多元化。30 多年来,随着中国 GDP 的快速增长,居民慢慢将手中的存款投入到金融市场,这极大地活跃了中国的金融业。(2)无风险型资产所占比重较大,居民的投资意识还未完全觉醒,居民的理财知识匮乏也使得家庭在进入金融市场和选择资产配置时犹豫不决。在中国,居民家庭手中的存款和现金占金融总资产的78%,而在一些资本主义国家,如美国,居民持有的存款和其他货币基金仅占总资产的15%。(3)虽然现在金融机构的理财产品花样繁多,但居民选择储蓄的比例难以降低。虽然股票、基金、保险等金融风险产品的出现,一定程度上丰富了中国居民的理财选择,但同时,中国金融投资的利率和存款利率还处于较低水平,居民金融资产选择的利率缺乏弹性。(4)家庭金融资产的持有量过低,但无风险资产的持有量却非常高。家庭金融资产占中国总资产的8%,13.94%的中国城市家庭选择用贷款来买房,占家庭总债务的48%。

居民在选择资产配置方式时会考虑的因素主要包括:(1)宏观因素。居民自身的收入和投资的选择都会由于经济周期的波动而发生变化。当经济过快发展或处于下行阶段时,政府和央行会推出一系列的财政货币政策来稳定市场,进行市场的宏观调控,与此同时货币的供应量也会随之变化。同时,宏观形势的变化对于居民家庭来说,也会使其产生投资心理上的变化(徐梅、李晓荣,2012)。(2)收入与家庭资产配置。家庭收入的变化是影响家庭金融资产配置变化的根本因素之一。家庭收入的增加促进了家庭资产配置的多样化。从家庭收入分层的角度来看,中高收入家庭是金融资产投资的主要力量,高收入家庭对多元化的金融资产的需求也为一些金融机构带来了金融产品方面的创新。根据边际消费倾向递减规律,收入每增加一个单位,消费率就会随之下降,而储蓄率则会随着收入的增加而上升。高收入家庭的储蓄水平也更高,这些储蓄将以金融资产的形式积累起来(杨新铭,2010)。(3)个人生命周期与家庭资产配置。根据生命周期理论,一个家庭所持有的资产的情况在家庭成员的不同年龄阶段呈现出不同的特征。30岁以下的居民通常处于职业生涯的起步阶段,这个阶段的收入较低,手中所持有的资产有限,并且缺乏相应的投资经验和知识,主要会选择储蓄存款和现金来应对可能存在的房贷压力。当居民处于30—40岁时,随着年龄的增长,家庭收入在不断增加,积累的资金越来越多,居民财务管理方面的意识增强,投资趋于多元化,家庭倾向于选择一些高风险资产进行投资。50岁以上的居民临近退休,家庭会因为养老和医疗的压力倾向于维持和增加资产价值,因此会选择谨慎投资高风险性资产(吴卫星、齐天翔,2007)。(4)受教育程度与家庭资产配置。居民受教育的程度提高,会使居民对金融资产的收益与风险有进一步的认识，也更容易理解金融机构和监管部门制定的交易规则。所以资产配置的选择趋于多样化，各类金融产品的持有比例的差距正在缩小（罗靳雯、彭湃，2016）。（5）投资者行为因素。投资者的有限理性是指在实际的投资过程中，投资者的决策很大程度上受到投资者的风险偏好、未来预期等执行因素的影响。股市“追涨杀跌”就是一个例子。投资者对市场信息有自己的认知，对某些信息可能会反应过度或不会轻易地改变原有的投资理念，导致其投资行为会出现反应过度和反应不足两种截然相反的现象。一个反应过度的例子是，当“牛市”到来时，人们可能过于乐观，对股市的所有坏消息都不感到意外。在反应不足的情况下，当“熊市”来临时，即使出现了利好消息，人群和市场也会反应变慢（方芳，2005）。（6）职业因素与家庭金融资产配置。与受教育程度相同，职业因素会影响家庭所在社会群体的金融资产配置和理财方式的选择（任心宇等，2019）。

中国居民对资产和理财投资的需求随着中国经济的快速发展和国家财富的快速增长而日益强烈，差异性和多样性也越来越明确。在当代中国社会，每个家庭都面临一些资产配置问题：如何管理家庭资产、选择投资理财方案、分散风险、增加家庭总资产等。根据相关研究，大部分的居民都是风险中性型投资者，只有少数居民是风险爱好型或者风险厌恶型投资者（王渊等，2016）。金融投资的状况则与此相反，以中等风险和中等收益产品为主要金融投资对象的家庭非常少，而以高风险或极低风险的产品为主要金融投资对象的家庭非常多，这一现象可以说并不符合“橄榄型”的客观规律，也说明了中国居民在金融投资中的风险偏好与其对金融投资的规划是不一致的。因此可以看出，中国居民在家庭理财方面存在着两种极端情况：一种是居民及家庭过于激进，将大部分资金都投入高风险资产，容易导致投资损失；另一种是居民家庭过于保守导致资金闲置，居民缺乏理财和投资的知识和渠道，最后资金只能浪费。

从收入水平看，中国最富有的10%的家庭拥有社会总财富的61%，资产分配非常不均衡。高收入的家庭具有较强的经济实力和风险承受能力，会选择高风险资产进行投资。高收入家庭的储蓄存款的比例也是最低的，他们主要投资于债券、股票、基金等风险性产品，同时也会选择外汇和贵金属投资业务。中国家庭金融研究中心的调查报告显示，金融资产和非金融资产在家庭总资产中的比例分别为8%和92%，金融资产在总资产中的比例可以说是非常低。对于前5%和前1%富裕的家庭，金融资产分别占其总资产的7%和6%。这些富裕家庭的全部负债占总资产的6%，前5%和前1%的富裕家庭的负债分别占其总资产的4%和5%。富裕家庭的金融资产和负债比例均低于全国平均水平。中等收入群体是指社会分层结构中的中产阶层，经济学中是指收入接近或高于平均水平的人，即处于高收入和低收入之间的“橄榄型”社会结构中的人。通常将这一阶层的收入下限等同于全社会平均收入，收入上限等同于平均收入的两倍，按照该理论，中国中等收入群体大约占到30%的比例。一些理论认为现代社会的中产阶层应该占60%—70%，所以中国的中产阶层比例很低。相对于低收入家庭，中等收入家庭有一定的财富积累，并且有相对较高的风险承受能力。所以中等收入家庭的储蓄存款所占的比例要远低于低收入家庭，投资于债券和银行理财产品的资产所占的比例更高，其次是股票和基金。中等收入家庭的消费结构中，用于满足生活需求（如食品和生活必需品）的支出较少，但用于提高生活质量的支出（如服装、交通、通信等）较多。中等收入家庭的特点之一就是收入的来源较多，相对于低收入家庭来说工资收入不是他们唯一的收入来源。中等收入家庭的收入在支持整个家庭的消费支出后，还可以有剩余财富去投资其他金融资产。其他家庭成员的收入可以成为家庭的经济盈余。高的盈余使得中等收入家庭更有意愿去进行投资和理财。中等收入家庭资产结构特征表现为以下四点。(1)风险承受能力和家庭受教育程度高；风险资产投资接受度高；风险资产在资产中所占比率较高。(2)家庭投资产品数量较多，种类也比较多样化，包括基金、保险、金融产品、黄金等。相反，储蓄的投资比例明显低于低收入家庭。(3)房地产、汽车等实物资产比重仍然较大。房地产和汽车这些固定资产所占的比例明显高于低收入家庭。同时，这些资产在家庭资产结构中的比例也高于低收入家庭。(4)中等收入家庭收入增长较快。随着收入的增长，中等收入家庭的总资产结构和内部比例也有很大的变化空间，他们对投资的参与意愿也会越来越强烈。作为未来会影响中国金融市场发展的中流砥柱，中等收入家庭会是中国对于投资参与意愿最强的群体。

与此相反，低收入家庭的资产有限，对于风险的承受能力较低，没有充足的资金可以进行财务管理和投资，因此，只能选择风险较低的方式进行投资，才可以使家庭资产稳定增长。所以低收入家庭更青睐于储蓄存款、银行理财产品、国债等保守型投资。在低收入、中等收入和高收入这三种类型的家庭中，低收入家庭的储蓄占比最高，几乎都高于50%。但由于低收入家庭的收入低、持有资产少、对于风险资产的投资意愿较低、获取投资知识的来源少，因此通过资产配置改善家庭财富状况的结果并不理想。其资产结构有三个特点。(1)对某一个金融资产机构的投入过于集中，尤其在储蓄方面。这种持有现状会直接使得低收入家庭减少对其他金融资产的持有，最后导致总的资产收益率低。(2)家庭资产组合的安全性较低。通常低收入家庭的羊群效应更为明显，因为低收入家庭通常没有足够的金融知识，投资行为受到周围人和家庭的影响，存在明显的羊群行为，盲目跟风投资，这也给家庭资产的安全带来很大的风险。(3)低收入家庭的财务管理和投资抗风险能力较差。因为低收入群体在能保证自己生活的情况下，鲜少投资于保险类资产，因此对于保险类资产也知之甚少。

目前，在中国家庭资产结构中，无论是低收入、中等收入还是高收入家庭，房地产都占绝对主导地位，其次才是无风险金融资产和风险金融资产。近十年来，居民资产结构的变化主要体现在以下方面。(1)居民持有的现金比例持续下降。居民持有现金主要是为了支付和储备资产，以及满足流动性需求。虽然现金是流动性最强的，但它的回报率很小，甚至为负。随着网络的发展，居民支付的方式多种多样，这使得居民减少了现金的持有量。(2)储蓄存款的比重稳步提高。储蓄存款在居民金融资产中占有最重要的地位。2008 年底，这一比例甚至达到了 89%，为历史纪录最高点。当然，这主要是由于 2008 年金融危机的影响。金融体制改革的深化，开放的中国金融市场，证券市场的迅速发展，以及居民多元化的投资和财务管理方法，都在鼓励居民摆脱单一的、收益有限的储蓄存款投资，逐渐采取多元化的投资方法。(3)有价证券整体发展较快，但所占比例仍较低。1981 年，中国恢复发行国债。多年来，国债投资一直是中国居民理财的一种普遍方式。2007 年和 2015 年的股市繁荣吸引了许多投资者，许多家庭把钱投入股市。当股市暴跌时，人们把钱从股市转到银行和国债。(4)中产阶层与富裕阶层的财富结构存在差异。中产阶层居民和富裕居民在金融投资和资产配置的选择上存在很大的差异，这些差异将对未来不同阶层之间的贫富差距变化产生巨大的影响。

3.4 居民家庭金融资产配置的新趋势

随着金融市场的深化和金融工具的丰富，居民越来越重视对金融资产的投资选择。近年来，国内金融产品不断创新，尤其是互联网金融激发了中国居民的理财和投资热潮，家庭金融风险也随之产生。各类互联网金融平台的理财风险事件屡见不鲜，导致许多家庭的资产缩水甚至倾家荡产。

一方面，互联网金融带来了一些正面影响。互联网的爆发式发展导致了消费者消费习惯的改变，打破了传统行业的竞争格局。互联网金融的创新在于借助了大数据、云计算和社交网络的力量，以较低的成本汇聚分散的客户资金，能更准确地控制信贷风险，更有效地为客户服务。互联网给传统的管理模式带来了新的变化，有改变传统管理模式的趋势，这也意味着银行不再是办理存贷业务的唯一渠道。在互联网商业模式下，借助技术手段，互联网金融中的信息不对称程度非常低。互联网金融的出现满足了存款融资多元化以及支付电子化、个性化的市场需求，也为传统金融的转型提供了契机。互联网金融是金融业与互联网的结合，但其影响将远远超出这两个行业，可以说互联网金融是一个跨行业的新经济。

另一方面，互联网金融也有负面影响。目前互联网金融门槛低，P2P公司、网络金融机构等互联网金融企业鱼龙混杂，很多企业管理混乱。同时，金融监管的缺失也大大加剧了该行业的潜在风险。毕竟，网络金融的发展目前还处于初级阶段，监管不到位，法律手段和行业标准不完善，风险控制水平低，资金恶性循环问题经常发生，企业和政府有关部门要进一步提高和完善自身，从而促进金融业和互联网的健康发展。

3.5　中美家庭金融资产配置对比

本节比较一下中国和美国的家庭金融资产配置情况。为了对中国和美国进行比较，我们首先将对资产进行更详细的分析，并分析广义资产这一类别的组成内容。

根据西南财经大学中国家庭金融调查与研究中心发布的《中国家庭金融资产配置风险报告(2016)》，从总资产来看，中国家庭的平均总资产从2011年的66万元增加到了2015年的93万元，增长率达到了40%。这一点证明近年来中国人民的生活水平有了显著提高，人民在逐步富裕起来。然而人民的生活水平和财富水平仍然有很大的提升空间。当更多人拥有更多货源时，就有了进行金融资产配置的需求。根据本书前文的分析，中国人对房地产有较高的偏好。尽管高房价使得居民面临长期的贷款压力，但房地产作为中国人所认为的稳定固定资产，仍然是非常受中国居民欢迎的,这也是许多中国人的传统思想,即认为房产可以造福后代的思维模式导致的。尽管美国家庭也有对实物资产的偏好,但他们不仅关注房地产,还关注其他的资产,这些资产也占据了一定的比例,甚至不比房地产占有的比例低,这反映了美国家庭和居民在进行风险资产配置时选择是十分灵活多样的。

随着金融市场的不断发展,金融资产的投资如果继续单一化,将不能取得更高的收益,甚至无法获得收益,甚至会使家庭承担更高的风险。而各种金融产品和投资工具的出现,也为中国人做出多样化的资产选择创造了条件。事实上,金融资产占家庭总资产的比例也在上升,但仍远远落后于美国等发达国家。不过随着中国金融资产市场的发展和完善,中国居民和家庭参与金融市场的意愿和深度也在加强。由于互联网的普及,互联网金融投资逐渐成为人们普遍采用的方式,因为互联网投资使得居民可以更加方便、快捷地了解到前沿信息并参与投资。2015 年,互联网投资参与率达到 9%,较 2011 年增长了将近 8%,这是一个正面的信号。然而,虽然家庭和居民都在努力参与,但与美国居民家庭相对成熟合理的配置结构相比,中国居民的配置仍然存在不小的缺陷,例如家庭存款和持有现金的比例很大。虽然这种投资方法确实几乎没有风险,但不得不承认的是,这种投资方法的收益率是最低的。比如,中国基金业起步较晚,人们对其运作流程和方法认识不足,这也是因为居民对于基金投资有一定偏见,从而更加不愿意投资于基金;而股票虽然进入中国已经有一段时间,并且也在逐步发展,但股票市场的风险相对比较大,若经济或社会环境发生了变化,股价就会受到比较大的影响。再加上中国居民在股票投资方面经验不足、知识储备不完善,这也会导致中国居民投资容易受挫,或者因盲从而承受损失。这些因素使得投资者不愿意投资股票或者很少投资股票。

以上是对造成中美家庭资产偏好差异的因素的粗略探讨,大致可以总结归纳如下。

1. 历史和社会趋势

中国具有特殊国情,人口达到 14 亿,是一个历史悠久的国家,经过上下五千年的历史发展,中国从一个封建农业国发展成为社会主义工业强国和经济强国。但古代的封建制度导致的重农轻商的观念仍有遗留,且中国人一向更加看重“安居乐业”和“家和万事兴”。改革开放以后,我们开始走出国门,了解世界,金融市场也是在这一阶段才有了较大发展。因此,中国金融市场的发展时间不够长,起步又比较晚，相关的运行机制和政策也不够完善，居民和家庭中的金融知识普及程度远远不够。

中国居民有很强的家庭观念，在进行投资之前一定最先考虑对家庭的影响，再加上其他许多因素的影响，导致大多数人选择风险厌恶型的投资方式，也就是尽量选择零风险或低风险的资产进行配置，从而导致了储蓄占比很大的现状。而占有比例最高的另一种物质资产——房地产，反映了中国人对于房地产自古以来的强烈偏好。近年来，房地产曾出现市场过热、房价攀升的现场，而这也强化了人们对房地产的观念。

美国人口复杂，是一个由移民建立而成的资本主义国家，因此他们对于生活、对于投资的观念都更开放、更包容，他们更愿意去创新，因此高的人员流动率和高的市场活跃度使居民和家庭愿意更多地参与市场，敢于尝试不同类型的投资。在第二次世界大战中，美国迅速积累了大量的财富，后续又进一步完善了相关的福利制度和法律制度，美国的家庭和居民更愿意以多种方式支配自己的财富，并在此基础上寻求资产的来源、开创自己的生意。他们并不是一定要拥有自己的房地产、车等固定资产，即使是租房也可以接受。

2. 思维和行动方式

对于未知的风险和不可预测的损失，中国的居民是较为厌恶的，因此愿意不断地为家庭做出详细的计划，这一计划当然包括房地产这样重要的固定资产。这一理念也体现在储蓄的实践中，储蓄是最普遍同时也是最受欢迎的金融资产配置，主要是因为它的风险接近于零，当然相应的回报也很小。对于股票等风险资产，中国居民有些人对此不予考虑，有些人在投资时还存在盲目性，至于基金这一类资产，中国的投资者对其了解更少，愿意为其投入的精力和时间甚至没有股票多。

相反地，大多数美国人认为注重当下的利益并确保对资产最大限度的利用是很重要的。因此美国的家庭很少会只将资产存放于银行作为储蓄，而是进行多样化投资，更有甚者使用借贷提前消费。这也表明了他们与中国人相比所具有的强烈的消费欲望。这也使他们想通过更多的渠道获取更高的收益，因此银行的储蓄在美国并没有十分受欢迎。因此美国居民和家庭参与金融市场更加积极，更偏好风险类资产，因为高风险也带来了高收益。而美国的金融体系比较完善，金融知识普及程度高，因此居民稳定参与金融市场的意愿更加强烈。

3. 市场与政策

由于市场规律的作用,居民需要利用市场上的各种投资方式进行组合,并根据市场运行情况随时调整家庭所持有的资产的投资风险,进而调整投资组合中资产持有的种类和数量。

美国是一个资本主义国家,所有的投资参与者都希望自己获得最大的剩余价值,追求利润最大化,使个人财富快速增长。美国经济政策的制定比较符合其资本市场的运行规律,资产配置方式较多,所以投资者比较容易进入和退出市场,从而能够增强投资者对收益率的信心。完善的社会保障制度也是影响居民偏好的重要原因。有了完善的制度,居民可以减少储蓄,减少购买的保险金额,将剩余的资源投入高风险资产,获得更高的回报,从而增强相应的偏好。

第4章　经济周期波动下居民家庭金融资产选择与影响路径

居民家庭作为社会经济体中的主体之一，处在宏观经济运行的框架中，其对金融资产的选择行为必然受宏观经济周期波动的影响。驱动金融资产收益波动的长期因素——宏观经济波动，同时也影响着居民的劳动收入、消费支出、住房支出等，而这些因素皆会影响居民家庭金融资产的选择。同时，不同收入群体对宏观经济的敏感性也影响居民家庭金融资产的选择，而金融资产的持有比例与收益变动的不匹配又形成了家庭金融资产的结构风险。因此，本部分着重从宏观经济波动影响家庭金融资产的选择的路径着手，分析经济周期波动中家庭金融资产的选择。

4.1　居民家庭金融资产与家庭基本特征

本研究划分的居民家庭金融资产的种类有：现金、银行存款、债券、股票、基金、其他资产，而居民的基本特征则包括：性别、年龄、户籍、教育程度。本节分析居民家庭基本情况的不同对持有家庭金融资产的影响。

4.1.1　数据来源和说明

本研究主要究采纳中国健康与养老追踪调查（China Health and Retirement

Longitudinal Study, CHARLS)问卷调查中关于金融资产的数据(2011—2015年)。该调查是由北京大学国家发展研究院、北京大学中国社会科学调查中心与北京大学团委三方共同支持的大型跨学科调查。CHARLS全国基线调查于2011年开展,每两年调查一次,调查结束一年后,数据对学术界免费公开。CHARLS曾于2011年、2013年、2014年("中国中老年生命历程调查"专项)和2015年分别在全国28个省(自治区、直辖市)的150个县、450个社区(村)开展调查访问。至2015年全国追访时,其样本已覆盖总计1.24万户家庭中的2.3万名受访者。2017年和2019年数据尚未公布,故本研究数据截止到2015年,但这并不影响本研究的基本结论,原因是中国经济增速减缓从2014年就已经开始了。

参考国际经验,CHARLS的问卷设计科学合理且具有一定的权威性,其参考的国际调查包括:美国健康与退休调查(HRS),英国老年追踪调查(ELSA),欧洲健康、老年与退休调查(SHARE)等。在中国,该调查采用了多阶段抽样调查,在居民抽样过程中均采取PPS抽样方法。CHARLS首创了电子绘图软件(CHARLS-GIS)技术,用地图法制作村级抽样框。CHARLS的访问应答率和数据质量在世界同类调查中位居前列,数据在学术界得到了广泛的应用和认可。CHARLS问卷的主要内容包括:(1)个人基本信息;(2)家庭结构和经济支持;(3)健康状况;(4)体格测量;(5)医疗服务利用和医疗保险;(6)工作性质;(7)退休和养老金;(8)资产、收入;(9)消费;(10)社区基本情况等。

4.1.2　居民家庭金融资产变化描述

根据CHARLS调查公布的2011年、2013年和2015年全国基线调查中的金融资产部分数据,通过对表4.1和图4.1中的数据进行分析和比较可以发现:家庭金融资产中现金与基金的持有比例,从2011年到2015年一直处于上升态势;其他家庭金融资产的比例,在2011年到2015年间的趋势是先下降后上升。再继续分析各类家庭金融资产的比重变化:2011年居民金融资产中持有比重最高的是储蓄存款,其次是股票,然后是债券和基金;2013年居民金融资产的持有比重最高的仍然是存款,但是在总资产中所占比重已有所下降,其次是股票,股票在总资产中的比重明显上升,然后是基金和住房公积金;2015年居民金融资产的持有比例最高的是股票,达到改革开放以来的最高点,占家庭金融总资产的31.34%,其次是债券和基金,而与股票相反,存款的比例则达到有史以来最低点,占总金融资产的4.27%。金融

表4.1　2011年、2013年和2015年中国居民个人金融资产对比(单位:元)

		2011年	2013年	2015年			2011年	2013年	2015年
现金	平均数	1 207.9	1 959.6	2 310	基金	平均数	31 845	35 283	51 048
	标准差	2 875	5 069.3	10 082		标准差	41 525	54 496	93 068
	占总资产比重	0.23%	0.93%	0.74%		占总资产比重	6.02%	16.83%	16.32%
存款	平均数	295 840	72 290.1	13 368	其他	平均数	15 741	10 662	91 587
	标准差	42 403	22 218	82 257		标准差	36 128	28 430	183 528
	占总资产比重	55.94%	34.48%	4.27%		占总资产比重	2.98%	5.09%	29.28%
债券	平均数	49 169	16 148	21 092	住房公积金	平均数	24 579	19 641	35 332
	标准差	116 432	32 093	56 030		标准差	20 415	27 914	42 693
	占总资产比重	9.30%	7.70%	6.74%		占总资产比重	4.65%	9.37%	11.3.%
股票	平均数	110 467	53 680	98 033					
	标准差	245 074	96 461.9	242 640					
	占总资产比重	20.89%	25.60%	31.34%					

注:数据进行了1%的缩尾处理,剔除了离群值。

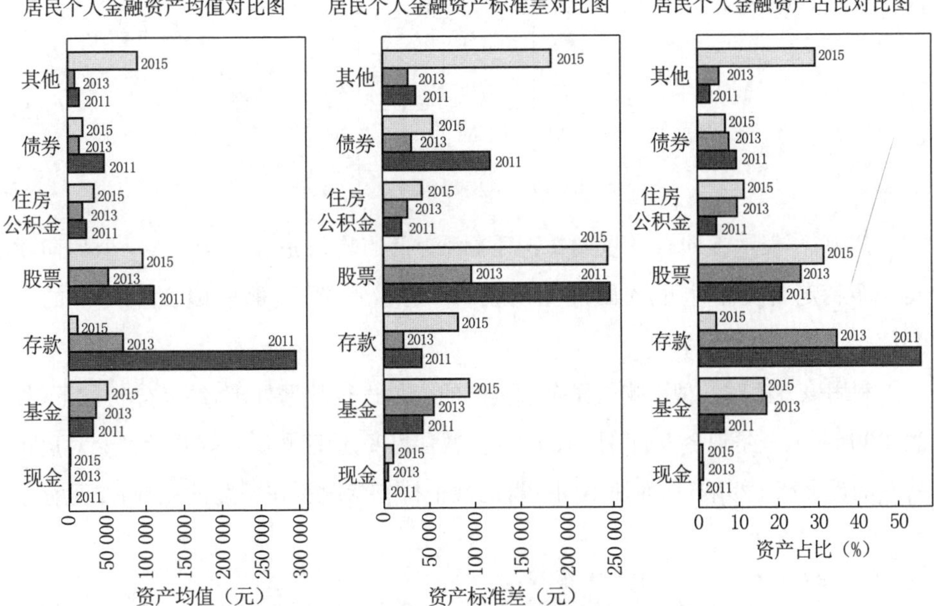

图4.1　各种金融资产在三年间的变化之比

资产持有结构不断地发生明显的变化。2011 年和 2013 年相比，为了应对通货膨胀和经济增速减缓的压力，居民适当增加了现金的持有量，减少了存款、债券、股票等金融资产的持有量，2011 年储蓄存款持有比例达 50%以上，2013 年这一比例明显下降，随着储蓄存款比例的下调，人们相应持有的股票和基金的比例在增加。而在 2015 年，所有的金融资产的比例又发生了逆向转变，由此可见，居民通过调整金融资产的数量、结构比例来应对宏观经济形势和政策的变化，因为 2012 年 6 月是中国宏观经济调控最为关键的一年。截止到 2015 年，由于中国证监会出台了《证券公司融资融券业务管理办法》，股市有了明显的大幅度回升，异常活跃，居民不断"加杠杆"，股票和基金比例同时不断增加。后来又因股市三次"熔断"，给市场营造了悲观环境。①另有数据显示，截至 2019 年第三季度，居民家庭金融资产大幅下降 20.4%②，其中股票和基金比例一路大幅下降。

该研究中对影响居民家庭金融资产变动的因素的分析是运用多变量方差分析（MANOVA）方法进行的，目的在于检验自变量处理水平或类别不同的样本在因变量的测量值上的差异性，或是诸如"样本在多个 Y 变量上的表现不因 X 变量的不同而有显著差异"这样的假设。

该方法检验 k 个实验处理样本在 p 个因变量上的平均数差异，零假设为：

$$H_0: \begin{pmatrix} \mu_{11} \\ \mu_{21} \\ \mathrm{M} \\ \mu_{p1} \end{pmatrix} = \begin{pmatrix} \mu_{12} \\ \mu_{22} \\ \mathrm{M} \\ \mu_{p2} \end{pmatrix} = \mathrm{L} = \begin{pmatrix} \mu_{1k} \\ \mu_{2k} \\ \mathrm{M} \\ \mu_{pk} \end{pmatrix} \tag{4.1}$$

其中：L 表示不同自变量的情况下，因变量的均值是否相等；每一个列向量是一个特定自变量水平的因变量均值；M 是零假设下，那些因变量均值的公共值。

利用该方法对各种影响居民金融资产的变量进行数据处理，结果分析如下（如表 4.2 所示）：一是现金方面，性别、年龄、受教育程度、地区和城乡等差异都会对居民持有的现金产生影响，从而使不同人群的现金持有状况存在明显的差异；二是存款

① 《经济日报》2015 年 12 月 5 日，第 7 版。

② 中国人民银行调查统计司城镇居民家庭金融资产负债调查课题组："2019 年中国城镇居民家庭金融资产负债情况调查"，《中国金融》2020 年第 9 期。

表 4.2　各类金融资产的多元方差分析

	现金				存款		
来源	自由度	*F* 统计量	*P* 值	来源	自由度	*F* 统计量	*P* 值
总差异	15	30.38	0.000 0	总差异	14	169.78	0.000 0
性别差异	2	16.76	0.000 0	性别差异	1	42.33	0.000 0
年龄差异	4	28.79	0.000 0	年龄差异	4	0.41	0.788 4
受教育程度差异	3	91.07	0.000 0	教育程度差异	3	229.84	0.000 0
地区差异	3	8.37	0.000 0	地区差异	3	19.28	0.000 0
城乡差异	3	14.16	0.000 0	城乡差异	3	182.30	0.000 0
	债券				股票		
来源	自由度	*F* 统计量	*P* 值	来源	自由度	*F* 统计量	*P* 值
总差异	10	4.42	0.000 0	总差异	12	2.26	0.009 0
性别差异	1	0.30	0.581 1	性别差异	1	0.06	0.826 3
年龄差异	2	4.58	0.011 6	年龄差异	3	1.13	0.330 9
受教育程度差异	3	1.72	0.161 3	教育程度差异	3	3.29	0.019 1
地区差异	3	2.95	0.034 0	地区差异	3	2.46	0.062 5
城乡差异	1	5.96	0.015 5	城乡差异	2	0.25	0.782 2
	基金				其他		
来源	自由度	*F* 统计量	*P* 值	来源	自由度	*F* 统计量	*P* 值
总差异	12	0.96	0.477 0	总差异	12	1.65	0.074 9
性别差异	1	0.23	0.631 1	性别差异	1	3.48	0.061 7
年龄差异	3	0.95	0.634 6	年龄差异	3	0.17	0.916 5
受教育程度差异	3	0.29	0.832 3	受教育程度差异	3	1.56	0.198 4
地区差异	3	2.51	0.059 7	地区差异	3	1.12	0.339 1
城乡差异	2	0.06	0.946 3	城乡差异	2	2.75	0.065 2
	住房公积金						
来源	自由度	*F* 统计量	*P* 值				
总差异	12	1.65	0.075 2				
性别差异	1	3.48	0.062 9				
年龄差异	3	0.17	0.916 5				
受教育程度差异	3	1.56	0.198 2				
地区差异	3	1.12	0.339 0				
城乡差异	2	2.75	0.065 1				

注：$P \geq 0.1$ 表示结果在统计上不显著，$P < 0.1$ 表示结果在统计上显著。

方面,除了年龄外,其他影响存款的因素都存在明显的差异,且总差异也是显著的;三是债券方面,其显著差异主要表现于不同年龄、不同地区的人群和城乡之间的差异;四是股票方面,其差异主要表现在不同受教育程度和不同地区的人群之间;五是住房公积金方面,与年龄相比其他因素引起的差异都较明显。上述研究结果表明:(1)股票的持有比例高的主要是受教育程度高的人群和发达地区的居民,因为股票作为资本市场的高风险产品对居民的文化水平和经济水平要求比较高;(2)各类人群基金的持有比例没有显著差异,其差异主要存在于地区之间;(3)住房公积金的差异主要存在于不同性别的人口之间和城乡之间,住房公积金的这一差异主要是因为中国的城乡二元制,城乡之间住房政策不同,城市居民大部分享受着国家的住房福利。

4.2 居民金融资产选择的作用路径:宏观经济波动和微观家庭决策

改革开放以来,随着经济发展,居民收入水平不断得到提高,且金融市场发展也取得了一定的成就,其中金融产品亦更加多元化,居民对金融资产有了更大的选择空间,从近年来资产配置结构的数据来看,储蓄、股票和基金仍然是居民的主要选择,其中:(1)储蓄(不含理财产品)占家庭金融资产的比重一直比较高,达到70%以上,高于35%的世界平均水平,且一直处于不断上升的趋势;(2)股票占居民金融资产的比例为9%,与日本及荷兰等国相比较低;(3)基金占居民金融资产的比例为1.8%,低于日本的5.0%、英国的5.4%和美国的14.8%。另外,债券和保险等其他理财产品占居民家庭金融资产的比例都比较低。①宏观经济周期波动和家庭内部的决策会影响居民家庭金融资产的选择,同时,低风险和高风险金融产品的选择行为之间也会相互影响。2013年西南财经大学《中国家庭金融调查报告》中的统计数据显示:(1)城镇家庭金融资产平均为11.2万元,中位数为1.65万元;(2)农村家庭金融资产平均为3.1万元,中位数为3 000元。其中,城镇家庭的中位数是农村家庭的3.5倍。城镇居民金融资产持有的种类更为分散,高风险资产的持有比例也更高。由于城乡差异,且城镇数据的取得更为便利,因此,本研究将城镇居民家庭作为研究的重点。

---

① 李苗献:《居民金融资产:总量与结构》,兴业研究《专题报告》,2018年5月2日。

4.2.1　对宏观经济周期和城镇居民金融资产选择变化的描述

1. 宏观经济周期波动指标的选取与描述

本节的研究数据选取从 2003 年第一季度至 2019 年第三季度城镇居民的储蓄意愿、投资股票或基金的意愿、消费和购房意愿，以及 GDP 增长率和利率等时间序列指标进行分析。其中 GDP 的环比增速和一年期整存整取利率反映宏观经济周期的波动情况（如图 4.2 所示）。GDP 增速和利率变化大致同方向，且利率总是后于 GDP 增速达到波动的峰顶，利率变动有一定的时滞性。由于本研究计算得到的利率并不能完全反映市场的真实利率水平，因此仅将该利率看作宏观经济调控的一个指标。由图 4.2 可以看出，2003 年至 2007 年，GDP 增速处于高位时，利率水平则处于低位，两个指标变化趋势相反；而 2010 年第四季度以后，GDP 增速下降至低位徘徊时，利率水平则相对维持在高位，而在 2011 年利率也开始下降；2014 年中国经济增速开始放缓，GDP 和利率一致走低至今；2019 年末新冠肺炎疫情后，世界经济受损，中国经济也大受影响，这两个指标在 2020 年第一季度一度下跌到改革开放以来的最低点。

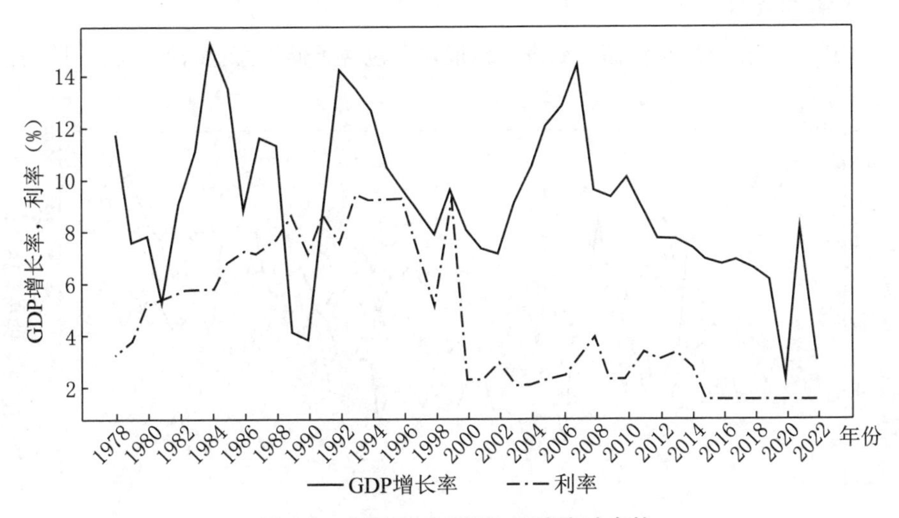

图 4.2　中国 GDP 增速和利率变动走势

2. 城镇储户投资和消费选择的描述

自 2003 年以来，中国人民银行每个季度都会在全国 50 个大、中、小城市进行城镇储户问卷调查，得到的《中国人民银行城镇储户问卷调查报告》中的主要指标包括：消费、储蓄、投资，及购房意愿等（如图 4.3 所示）。本研究使用的是从 2003 年到 2019 年的数据。数据显示：2003 年到 2006 年，储蓄意愿处于稳定期；居民的储蓄意愿从 2006 年第一季度的 40%,一直下降到 2007 年第四季度的 21.2%最低点;2008 年第四季度居民的储蓄意愿上升到 44.8%,之后一直维持在 40%以上的高位。在 2014 年第一季度的 2 万个调查样本中,倾向于"更多储蓄"的居民占 44.2%,倾向于"更多消费"的居民占 17.6%,倾向于"购买股票和基金"的居民占 30.6%。2007 年居民购买股票或基金的意愿波动比较剧烈,在 2007 年超过了储蓄意愿,到达了最高点;之后受 2008 年美国次贷危机的影响,中国国内股票市场开始低迷;2010 年以后股市波动幅度相对比较平缓,居民储蓄意愿也一直维持在 25%以上。总而言之,居民消费意愿是一路下降,在 2007 年至 2009 年间有过反弹,达到最高点 29.6%,此后又继续一路下降,基本维持在 20%以下;居民的购房意愿在样本期间也是缓慢下降的,从开始的 20%以上下降到 15%左右。2016 年到 2019 年三年间,各项指标均趋向于平稳。2019 年到 2022 年,因新冠疫情和国际局势不稳,人们对未来预期的不确定性增加,各项指标又发生了很大变化,储蓄意愿更加强烈,消费意愿不变,购房意愿和投资意愿明显下降。

3. 数据说明

中国人民银行发布的储户调查意愿报告中包含了储蓄意愿、消费意愿、购房意

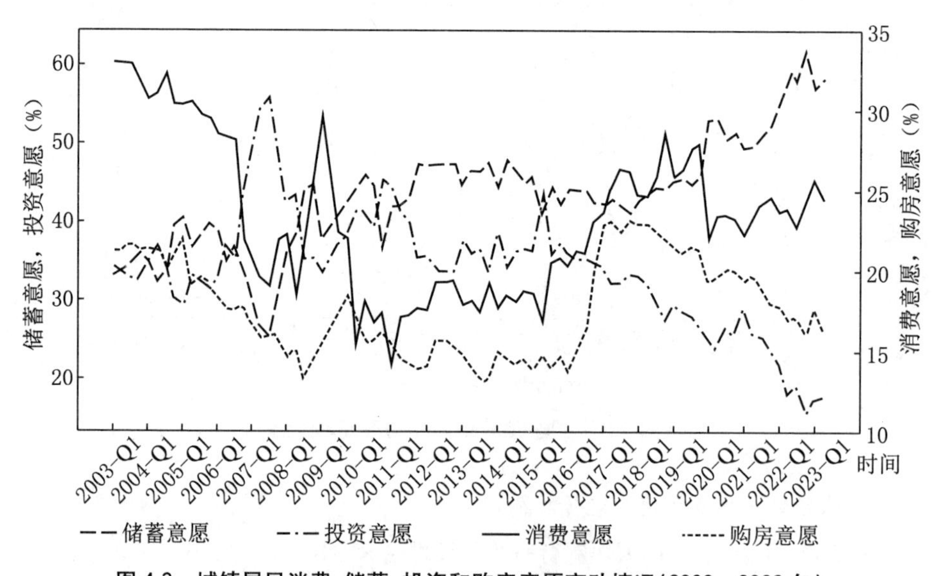

图 4.3　城镇居民消费、储蓄、投资和购房意愿变动情况(2003—2023 年)

资料来源:中国人民银行:《城镇储户问卷调查报告》,http://www.pbc.gov.vn/diaochatongjisi/116219/116227/3792352/index.html。

愿，以及投资意愿数据，在有关储蓄意愿、消费意愿、购房意愿的原始数据中可能存在一些缺失值，对于这些缺失值，本研究通过线性插值法进行填充，以确保数据的完整性和连续性。

2009 年前后有关“投资意愿”的数据统计口径发生了变化，2009 年前包含了购买股票和基金的意愿，而 2009 年后包含了购买股票、基金、债券、保险等所有投资品的意愿数据。因此本研究在建模、绘图之前对投资数据做相关处理。在观察数据后，我们发现 2009 年之后的储蓄意愿、消费意愿、购房意愿和投资意愿数据之和大致等于 1，偶尔出现一些小幅波动，但波动幅度通常不超过 8%，这些波动可能是测量误差引起的。因此，本研究认为 2009 年之后的数据代表了个人可支配现金的全部流向，而这四个方面的数据之和应该等于 1，任何小幅波动可被视为可以忽略的测量误差。

为了将 2009 年之后的投资意愿数据与 2009 年之前的数据进行比较，我们将 2009 年之后的投资意愿数据进行规范化。首先，本研究计算了 2009 年之后投资意愿数据与 2009 年之前数据的季度均值之间的差异。这个差异代表了统计口径变动所引起的差异。然后，将这个差异值增加到 2009 年之后的所有投资意愿数据上以统一量纲，以便进行后续分析。

4.2.2　城镇居民储蓄、投资选择的影响因素分析

1. 多元 ARCH 模型

基于一元自回归条件异方差模型（ARCH），1986 年 Bollersler 提出用多元广义 ARCH 模型（GARCH）研究多变量的波动溢出，以捕捉跨市场的风险传递。多元 ARCH 模型的均值方程，用分块矩阵形式表示如下：

$$\begin{pmatrix} y_1 \\ y_2 \\ \mathrm{M} \\ y_3 \end{pmatrix} = \begin{pmatrix} Z_1 & 0 & \mathrm{L} & 0 \\ 0 & Z_2 & \mathrm{L} & 0 \\ \mathrm{M} & \mathrm{M} & \mathrm{O} & \mathrm{M} \\ 0 & 0 & \mathrm{L} & Z_k \end{pmatrix} \begin{pmatrix} \gamma_1 \\ \gamma_2 \\ \mathrm{M} \\ \gamma_k \end{pmatrix} + \begin{pmatrix} u_1 \\ u_2 \\ \mathrm{M} \\ u_k \end{pmatrix} \tag{4.2}$$

其中：y_i 表示第 i 个方程的 $T\times1$ 维因变量向量；u_i 表示第 i 个方程的 $T\times1$ 维扰动项向量，$i=1, 2, \cdots, k$；T 是样本观测值个数；k 是内生变量个数；Z_i 表示第 i 个方程的 $T\times k_i$ 阶先决变量（外生变量和内生滞后变量）矩阵，如果含有常数项，则 Z_i 的第一列全为 1；k_i 表示第 i 个方程的先决变量个数（包含常数项）；γ_i 表示第 i 个方程的 $k_i\times1$ 维系数向量，$i=1, 2, \cdots, k$。式（4.2）可以简单地表示为

$$Y = Z\Gamma + u \tag{4.3}$$

其中:设 $m = \sum_{i=1}^{k} k_i$，$\Gamma = (\gamma_1'\gamma_2'\cdots\gamma_k')'$ 是 $m\times1$ 维向量。

设式(4.3)中不同时点的扰动项 $u_t = (u_{1t}, u_{2t}, \cdots, u_{kt})$ 的均值为0,其中 $t=1, 2, \cdots, T$,条件方差和协方差矩阵为 H_t。该方程使用极大似然估计法来估计均值方程和条件方差方程。假设该模型服从多变量正态分布,H_t 的对数似然贡献为:

$$l_t = -\frac{k}{2}\ln(2\pi) - \frac{k}{2}\ln(|H_t|) - \frac{1}{2}u_t'H_t^{-1}u_t,\ t=1, 2, \cdots, T \tag{4.4}$$

其中 k 是均值方程的数目。

运用VEC模型来构建条件方差和协方差的关系,条件方差和协方差方程可以表示为:

$$(H_t)_{ij} = (M)_{ij} + (A)_{ij}(u_{it-1}u_{jt-1}) + (B)_{ij}(H_{t-1})_{ij},\ t=1, 2, \cdots, T \tag{4.5}$$

其中的 $(H_t)_{ij}$ 就是矩阵 H_t 中的第 i 行、第 j 列的元素。式(4.2)中每个矩阵都包含了 $k(k+1)/2$ 个参数。

由于宏观经济周期波动会影响到城镇居民的储蓄(S)和投资(I)选择,基于利益最大化目标,针对不同的宏观经济预期,居民的储蓄和投资应是此消彼长的,而且还会受到家庭本身消费和购房等行为的影响。因此,本研究将宏观经济波动和居民家庭决策对其储蓄、投资意愿的影响同时纳入该联立方程,且考虑储蓄和投资之间的相互作用,运用多元ARCH模型进行估计。

2. 模型估计及结果分析

运用图4.2和图4.3的指标构建联立方程和多元GARCH(1, 1)估计方法进行估计,其中均值方程表示为:

$$\begin{aligned}&\text{储蓄意愿} = \alpha_0 + \alpha_1(\text{宏观经济环境}) + \alpha_2(\text{居民其他意愿}) + u_{1t}\\&\text{购买股票或基金意愿} = \beta_0 + \beta_1(\text{宏观经济环境}) + \beta_2(\text{居民其他意愿}) + u_{2t}\end{aligned} \tag{4.6}$$

其中,$\alpha_1 = (\alpha_{11}\quad \alpha_{12})'$ 为 2×1 维系数向量,同理 α_2、β_1、β_2 也是 2×1 维系数向量。

(1) 被解释变量描述。

表4.3对城镇居民储蓄意愿和投资金融产品(股票或基金)的意愿进行了描述性统计。由统计结果可知,在经济发展的任何阶段,基本上居民储蓄意愿的比例都要远远高于投资金融产品意愿的比例,但居民投资金融产品的意愿变动比较大,对两变量

表 4.3　被解释变量的描述统计

	平均数	标准差	偏度	峰度	Jarque-Bera 统计量	P 值
储蓄意愿	38.95	6.318 6	−0.695 9	3.157 9	3.679 9	0.158 7
投资金融资产意愿	21.71	11.39	−0.124 0	1.686 2	3.349 3	0.187 1

进行正态性 Jarque-Bera 检验，所得结果是两种意愿都服从正态分布(参见表 4.3)。

(2) 多元 GARCH(1，1)估计结果分析。

检验方程组式(4.6)中的方程，估计得到的 u_{1t} 和 u_{2t} 都存在条件异方差。经过比较，选择的模型类型为对角 VECH 模型，运用 Eviews 软件进行估计，结果如下：

第一，均值方程估计结果(见表 4.4)：

表 4.4　多元 GARCH(1，1)方程中均值方程估计结果

影响因素		储蓄意愿	投资金融资产的意愿
宏观经济环境	GDP 增长率	−1.707 0 (−6.922 9)***	0.261 7 (0.420 7)
	利率	−0.188 9 (−0.175 7)	4.531 1 (2.253 3)**
家庭其他决策	消费意愿	−0.313 3 (−3.119 6)***	−1.664 9 (−7.833 4)***
	购房意愿	−0.502 9 (−1.259 3)	1.793 5 (2.485 1)**
	常数项	73.34 (9.580 3)***	17.07 (1.378 1)
	R^2	0.616 1	0.698 0
对数似然值 = −245.78　AIC = 11.77　SC = 12.51			

注：* 表示在 10%水平上显著；** 表示在 5%水平上显著；*** 表示在 1%水平上显著。括号里为 z 统计量。

第二，条件方差方程估计结果为：

$$\hat{H}_{11,t} = 2.081\,9 + 0.829\,6\hat{u}^2_{1,t-1} + 0.169\,7\hat{H}_{11,t-1}$$

$$z \quad (0.738\,4)\ (1.771\,6)^{*} \quad (0.918\,8)$$

$$\hat{H}_{22,t} = 0.935\,6 + 0.384\,6\hat{u}^2_{2,t-1} + 0.550\,1\hat{H}_{22,t-1}$$

$$z \quad (0.935\,6)\ (0.763\,3) \quad (1.678\,7)^{*}$$

第三，条件协方差方程估计结果为：

$$\hat{H}_{12,t} = -0.657\,7 + 0.351\,9\hat{u}_{1,t-1}\hat{u}_{2,t-1} + 0.539\hat{H}_{12,t-1}$$

$$z \quad (-0.522\,4)\ (1.160\,9) \qquad (2.894\,7)^{***}$$

从估计结果看出，宏观经济周期波动和微观家庭决策，会影响城镇居民的储蓄意愿和投资金融资产意愿，分析如下。(1)宏观经济指标中GDP增长率与居民投资意愿是反向变动的，且GDP增长率对居民储蓄的抑制作用是显著的。当GDP增长率提高1%时，储蓄合意的居民所占的比重平均下降1.71%。(2)利率变化与居民的储蓄意愿是反向变动的，而与投资意愿是同向的。且利率对居民投资金融资产的促进作用是显著的。当利率提高1%时，可以认为投资金融产品合意的居民所占比重平均提高4.53%。(3)居民的消费意愿和购房意愿对储蓄意愿有"挤出效应"，其中，消费意愿的影响更为显著，消费合意的居民比例上升1%时，储蓄合意的居民比例平均会下降0.313 3%。(4)对居民的投资意愿而言，购房意愿与投资金融资产的意愿是同方向变化的，而消费意愿会抑制投资金融资产的意愿，且这两种影响均显著。消费合意的居民比例每增加1%，购买金融资产的居民比例则平均下降1.664 9%；购房合意的居民比例每增加1%，购买金融资产合意的居民比例则平均提高1.793 5%。

利用模型估计结果计算储蓄意愿和金融资产投资意愿的预测方差，以及居民两种选择意愿的预测协方差，绘制变动图(如图4.4所示)。从图中可看出，城镇居民储蓄意愿在2008年波动剧烈，但很快趋于平稳；居民投资金融资产的意愿在2005—2006年出现明显波动，并且这种冲击的影响持续了相当长一段时间，直到2010年底。居民储蓄意愿和金融资产投资意愿的预测方差在2011年以后基本趋于零，也就是说2011年到2015年期间，居民不管是储蓄意愿还是金融资产投资意愿都基本没有波动。2006年以前，居民储蓄意愿和金融资产投资意愿的预测协方差为正，说明储蓄和金融资产投资同方向变动，而且预测协方差变动和储蓄意愿的预测方差变动高度重合，说明2006年以前购买股票或基金的意愿并不强烈，居民的主要选择是储蓄；而2006年以后这两者预测协方差为负，居民的储蓄意愿和金融资产投资意愿反方向变化，可以说，2017—2019年居民对储蓄和金融资产投资的选择是此消彼长的。

(3) 考虑宏观经济周期波动情况下的估计结果。

在宏观经济运行的不同时期，宏观经济周期波动指标和微观家庭决策指标对居民的家庭金融资产选择的影响也应该有所不同。因此，参考样本期间(2003年第一季度到2014年第一季度)GDP增长率的变化规律，将该时间段划分为经济增速

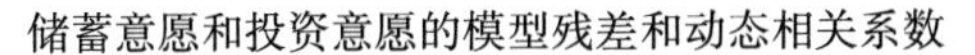

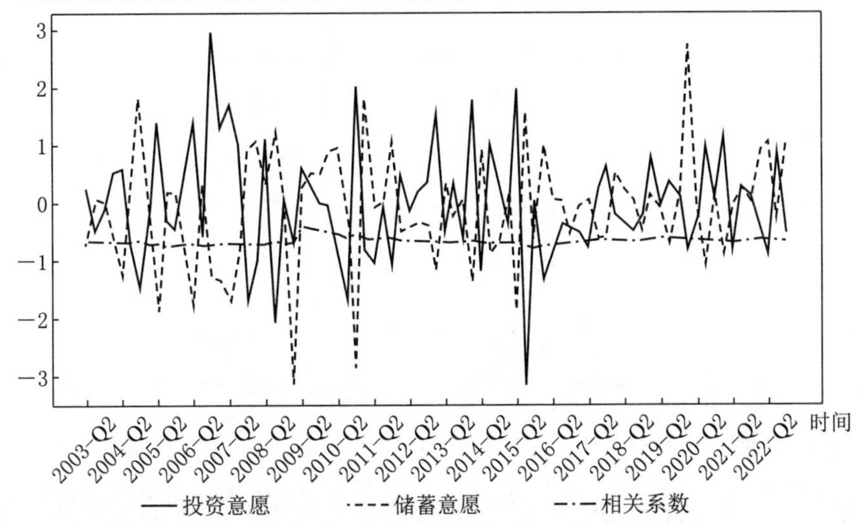

图 4.4　储蓄意愿和金融资产投资意愿的预测方差和协方差变动图(2003—2022 年)

加快阶段(2003 年第一季度至 2007 年第二季度、2009 年第二季度至 2010 年第一季度)和经济增速减缓阶段(2007 年第三季度至 2009 年第一季度、2010 年第二季度至 2014 年第一季度、2014 年第二季度至 2019 年)。在原有模型基础上以加法和乘法的形式同时引入虚拟变量,其中经济的增速减缓期设变量为 0,增速加快期设为 1。

第一,均值方程估计结果如表 4.5 所示:

表 4.5　考虑宏观经济运行状况的均值方程估计结果

影响因素	投资金融资产意愿	储蓄意愿
经济运行期	0.465 099 (0.000 5)***	−0.126 174 (0.227 2)
GDP 增长率×经济运行期	−1.85E−06 (0.001 1)***	1.06E−06 (0.007 6)***
利率×经济运行期	−0.029 175 (0.268 6)	−0.019 294 (0.333 9)
消费意愿×经济运行期	−1.024 167 (0.000 0)***	0.396 852 (0.035 2)**
常数项	−0.007 000	0.004 000
R^2	0.171 458	0.070 815

注:* 表示在 10%水平上显著;** 表示在 5%水平上显著;*** 表示在 1%水平上显著。括号里为 z 统计量。

第二，条件方差方程估计结果为：

$$\hat{H}_{11,t} = 8.718\,2 + 0.898\,4\hat{u}^{2}_{1,t-1} + 0.003\,2\hat{H}_{11,t-1}$$

$$z \quad (2.629\,7)^{**}\ (1.994\,1)^{**} \quad (0.038\,1)$$

$$\hat{H}_{22,t} = -6.848\,0 + 0.761\,1\hat{u}^{2}_{2,t-1} + 0.027\,3\hat{H}_{22,t-1}$$

$$z \quad (-0.876\,0)(1.715\,9)^{*} \quad (0.074\,7)^{*}$$

第三，条件协方差方程估计结果为：

$$\hat{H}_{12,t} = 5.379\,2 + 0.881\,5\hat{u}_{1,t-1}\hat{u}_{2,t-1} + 0.110\,4\hat{H}_{12,t-1}$$

$$z \quad (0.687\,9)\ (1.765\,6)^{*} \quad (1.227\,8)$$

通过对估计结果（如表4.5所示）的分析可以看出，在宏观经济增速加快阶段，居民购买股票和基金的意愿是大幅度减小的，可以认为有意愿投资股票和基金的居民比例降低的幅度大于50%。在宏观经济增速加快期间，一方面，居民对利率的边际倾向更大，而且也更为显著；另一方面，居民的消费意愿对金融资产投资意愿的挤出效应得到进一步强化，居民购买股票或基金的意愿与购房意愿的正向相关性也更强。但是，在宏观经济增速加快阶段，值得关注的是，除居民的储蓄意愿受消费意愿的影响程度更大以外，在两个时期其他影响因素并没有显著的不同。这也说明，居民储蓄意愿在经济运行的不同时期是相对比较稳定的。

条件方差方程中，储蓄意愿受外部冲击波动时的反应比较明显，但是，该反应持续的时间比较短；从数据分析结果来看，受外部冲击波动的影响，购买股票或基金意愿的反应也是比较明显的，但其波动幅度小于储蓄意愿，而且该波动的持续时间也比较长（如图4.5所示）。2007年至2008年，储蓄意愿出现大幅度波动，而在2008年至2009年，购买股票或基金的意愿出现大幅度波动。第二阶段中居民大量购入股票和基金的时间段，是在2015年到“三次熔断”期间。2016年至今，股票和基金的购买意愿处于平稳状态。这说明在经济增速减缓阶段，居民购买股票和基金的意愿是比较稳定的。

传统观念也会影响中国居民的储蓄意愿，因此，在中国，居民储蓄合意的比例一般要高于投资金融资产合意的比例。2008年美国次贷危机以来，加之国内宏观调控，四万亿信贷资金投放市场，国内开始启动“三驾马车”，但认为储蓄合意的居民比例依然居高不下，这恰恰与消费意愿的持续走低形成了鲜明的对比。由此可

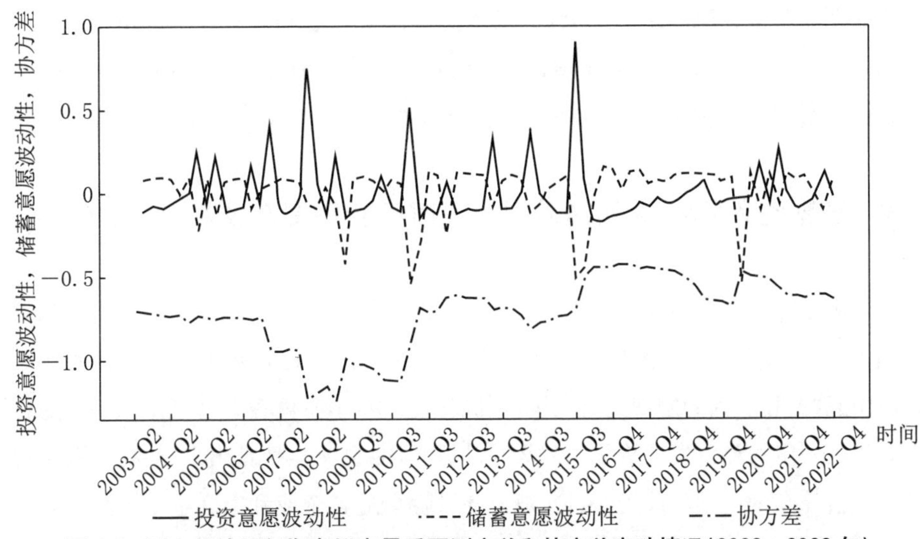

图 4.5　引入经济运行期虚拟变量后预测方差和协方差变动情况(2003—2022 年)

以看出，自 2008 年以来，居民对此后的宏观经济形势的判断并不乐观，直到 2015 年，第二波的股市波动才使其判断有所改变，而 2015 年之后居民对宏观经济形势的判断又重新进入悲观期。

总而言之，居民储蓄和投资金融资产的意愿不仅受到外部宏观经济环境影响，同时还会受到其家庭内部决策的影响。相对而言，储蓄意愿对经济增长率更为敏感，储蓄意愿会在经济增长率提高时出现下降趋势。而购买股票或基金的意愿对利率更为敏感，当宏观调控使利率出现上升趋势，投资金融资产的获利预期就更大，此时投资金融资产合意的居民比例则越高。宏观货币政策的两大工具是利率和货币供给，而本研究选用的利率是商业银行存款利率。由此看来，居民购买股票或基金的意愿受宏观的货币调控政策所影响，而后者对储蓄意愿基本没有任何影响。

作为一种外部冲击，居民的储蓄意愿和金融资产投资意愿会随着宏观经济环境的变化而变化，因此，财政政策或货币政策的实行，同时会影响到居民的储蓄意愿和金融投资意愿，但储蓄意愿由于受外部冲击影响的时间较短，所以会很快趋于平稳，金融资产投资意愿的波动则会持续较长时间。因此，对于储蓄意愿可以将其设置为前置预警变量进行监控。

在经济运行的不同时期，居民的储蓄意愿相对比较稳定。在经济增速加快时期，宏观经济周期波动和家庭内部决策对金融投资影响的效果得到强化。利率对购买股票或基金意愿的影响更大,消费意愿对储蓄意愿和购买股票或基金意愿的挤出效应也更大。因此,在经济增速加快时期实施宏观货币调控的话效果会更好,而在经济增速减缓时期,则需要考虑更多的因素。

4.3 宏观经济风险、背景风险对居民家庭金融资产收益的影响效果

宏观经济风险是指经济活动和物价水平波动可能导致的企业利润或家庭收益的损失,具有三个特性:潜在性、隐藏性和累积性。潜在性是指由宏观经济系统运行所引起的风险,因为宏观经济在运行发展过程中,本身就存在着经济风险。隐藏性是指在一定的经济发展阶段,宏观经济风险可能会突然暴露出来,而在一般情况下是不会暴露的。累积性指的是宏观经济风险会随着企业和家庭金融风险的不断累积而日益增大,当累积到一定程度就会引发经济危机。因此,该宏观经济风险影响着居民的劳动收入、消费支出、住房支出等。背景风险是指不能或者难以通过金融市场交易消化掉的风险,也就是说居民在金融资产选择的过程中,投资者实际承受的风险除了金融资产价格波动外,还包括了其他风险,如劳动收入、健康状况(或称长寿风险)、生活必需支出(与收入相独立)等方面的风险。背景风险又会与居民的资产选择和资产收益变动相关(何兴强等,2009)。

4.3.1 按收入等级划分居民金融资产收益

根据中国的住户调查统计资料,1995—2005 年的《中国价格及城镇居民家庭收支调查统计年鉴》、2006—2011 年的《中国城市(镇)生活与价格年鉴》,将居民收入按人均可支配收入由低到高排序,按一定的比例分为七组:最低收入户、较低收入户、中等偏下收入户、中等收入户、中等偏上收入户、较高收入户和最高收入户。为了研究方便,本书选取了三组数据:最高收入户、中等收入户、最低收入户。根据三组数据中的财产性收入占总收入的比重变化、利息收入占财产性收入的比重变化,以及股息红利收入占财产性收入的比重变化,对其进行比较。

从表 4.6 的数据可以看出,中国城镇居民的财产性收入占总收入的比重比较低,一般不超过 6%,其中最高收入户的这一比重要高于中低收入户。2002 年最高收入户的财产性收入在总收入中的比例下降到最低点 2.24%,之后一路走高,于 2011 年达到 5.88%,并有继续提高的趋势。

表 4.6　各收入阶层财产性收入、利率收入、股息红利收入的比例变化

年份	财产性收入占总收入比重(%)			利息收入占财产性收入比重(%)			股息和红利收入占财产性收入的比重(%)		
	最低收入户	中等收入户	最高收入户	最低收入户	中等收入户	最高收入户	最低收入户	中等收入户	最高收入户
1995	1.07	1.42	4.30	41.46	54.49	67.55	10.87	11.31	22.08
1996	1.28	1.73	4.42	37.02	48.80	63.58	6.12	12.56	21.80
1997	1.58	1.90	4.09	26.23	36.15	59.52	3.52	9.59	13.11
1998	1.71	1.99	4.13	18.81	33.76	57.53	4.39	7.59	15.57
1999	1.76	1.88	3.55	14.15	23.43	47.42	5.23	7.68	16.01
2000	1.98	1.82	2.84	7.95	17.77	33.54	4.92	8.21	20.39
2001	1.94	1.85	2.32	8.40	13.77	27.08	3.84	6.73	25.19
2002	1.08	1.03	2.24	9.84	17.46	16.29	9.34	17.79	24.66
2003	1.05	1.04	2.90	7.05	16.30	14.61	6.38	18.41	25.06
2004	1.16	1.24	3.05	7.74	13.13	8.65	7.50	17.88	23.09
2005	1.04	1.22	3.26	8.16	13.70	8.45	10.26	14.10	20.92
2006	0.99	1.20	4.00	7.65	12.18	9.21	5.44	21.46	26.24
2007	1.27	1.44	5.20	9.58	15.01	9.09	8.07	23.49	32.46
2008	1.21	1.56	4.72	10.12	11.84	8.94	11.65	15.95	22.61
2009	1.21	1.56	4.96	12.35	17.17	11.31	5.06	14.51	20.05
2010	1.39	1.69	5.32	13.35	14.35	10.59	8.72	13.09	20.95
2011	1.48	1.92	5.88	15.40	13.72	10.75	7.42	10.99	18.31

资料来源：根据《中国价格及城镇居民家庭收支调查统计年鉴》(1995—2005 年)和《中国城市(镇)生活与价格年鉴》(2006—2011 年)计算得到。

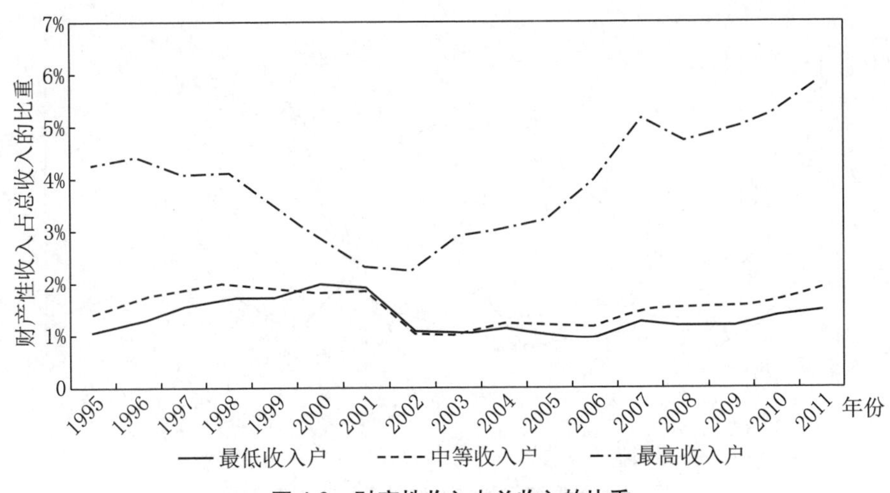

图 4.6　财产性收入占总收入的比重

如图 4.7 所示,在财产性收入中,利息收入的占比逐年下降,其中最高收入户的这一比重下降的速度是最快的,1995 年时还高居 67.55%,到了 2011 年却低于中低收入人群,为 10.75%;相反,2006 年之后,最低收入户中这一比重却有缓慢上升的趋势。

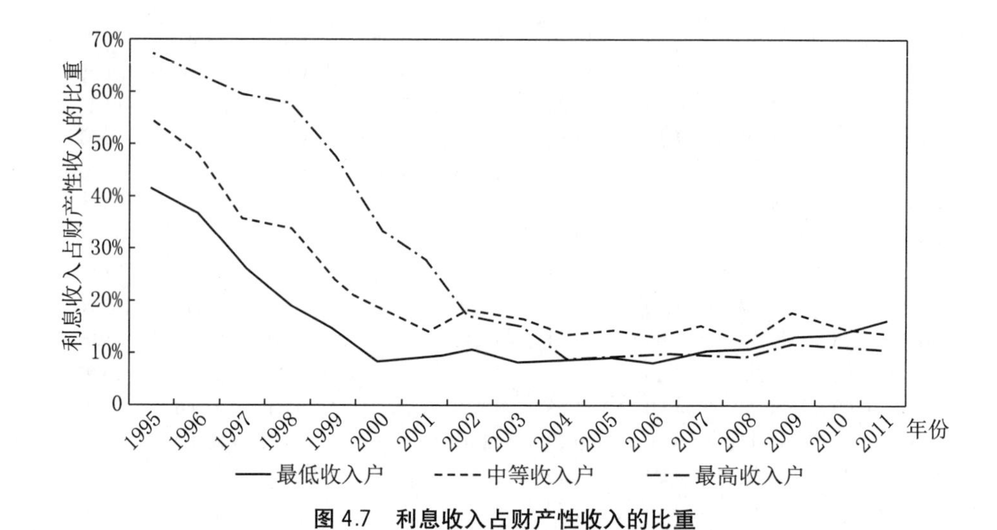

图 4.7　利息收入占财产性收入的比重

从图 4.8 可以分析得出,财产性收入中,最高收入户的股息和红利收入比重平均为 21.68%,而最低收入户的这一比重仅为 6.98%,前者是后者的 3 倍多。股息和红利收入在财产性收入中的比重波动剧烈,其中,中高收入户中这一比重的波动更

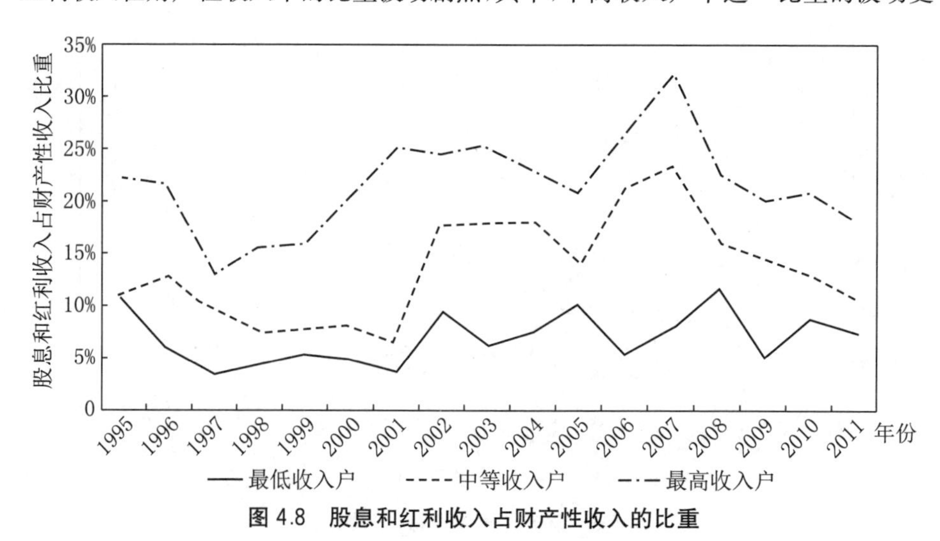

图 4.8　股息和红利收入占财产性收入的比重

为剧烈,最低收入户的这一比重平稳。从图中还可以看出,就反映波动的标准差而言,中等收入户的标准差要大于最高收入户,说明中等收入户的财产性收入中股息红利收入比重的变动对外部经济环境更为敏感。同时,中等收入户的收入结构调整更为剧烈,可以说明中等收入户的冒险性更强,其盲从性也更强。

4.3.2　居民家庭金融资产与宏观风险、背景风险的相关性

1. 典型相关分析

典型相关分析(canonical correlation analysis)最早由 Hotelling(1936)提出,采用类似于主成分分析的方法,其中涉及一个典型变量,该典型变量即为综合指标,而有代表性的综合指标是由两组变量组合而成的,通过研究综合指标间的相互关系,来替代两组变量间的相互关系。典型变量之间的相关系数就称为典型相关系数。

典型相关分析的数学表达介绍如下:

一般情况下,设 $X=(X_1,\ X_2,\ \cdots,\ X_p)$、$Y=(Y_1,\ Y_2,\ \cdots,\ Y_q)$是两个相互关联的随机向量,分别在两组变量中选取若干有代表性的综合变量 U_i、V_i,使得每一个综合变量都是原变量的一个线性组合,即:

$$
\begin{aligned}
U_i &= a_{i1}X_1 + a_{i2}X_2 + \cdots + a_{ip}X_p \equiv a'X \\
V_i &= b_{i1}Y_1 + b_{i2}Y_2 + \cdots + b_{iq}Y_q \equiv b'Y
\end{aligned}
\tag{4.7}
$$

为了确保典型变量的唯一性,本研究只考虑方差为 1 的 X、Y 的线性函数 $a'X$ 与 $b'Y$,求使得它们相关系数达到最大的这一组变量。若存在常向量 a_1、b_1,在 $\mathrm{var}(a'X)=\mathrm{var}(b'Y)=1$ 的条件下,有$\rho(a_1'X,\ b_1'Y)=\max\rho(a'X,\ b'Y)$,则称 $a'X$、$b'Y$ 是 X、Y 的第一对典型相关变量。以此类推,可求出其余的各对典型相关变量。这些典型相关变量就反映了 X、Y 之间的线性相关情况。另外,可以通过检验各对典型相关变量相关系数的显著性,来反映每一对综合指标的代表性,从而可以判断两组变量之间是否存在典型相关性,并计算典型结构相关系数(也称典型载荷),从而对两组变量之间的典型相关结构进行分析。

2. 指标选择和数据说明

本研究选取三个主要宏观经济指标(如表 2.2 所示):GDP 增长率、利率和居民消费价格指数 CPI。首先,通过计算这些指标的波动性,来测量宏观经济风险;其次,借鉴 Guiso 和 Paiella(2007)的方法来进行计算。具体的计算过程,是先根据

GDP 增长率、利率和 CPI 对时间趋势进行线性回归,并计算残差序列的方差来衡量宏观经济波动风险,分别记为 X_1 =(rGDP_risk、r_risk、CPI_risk)。

对于背景风险,本研究选择利用人均消费支出占可支配收入比重、人均购房及建房支出占可支配收入比重的波动性来衡量。与处理宏观指标的方法类似,将这两种比重对时间趋势进行线性回归,再计算残差序列的方差,分别记为 X_2 =(con_risk、hou_risk)。

储蓄存款属于无风险的金融资产,而股票属于风险金融资产。中国居民家庭金融资产中主要的部分就是有价证券中的股票,因而金融资产中股票的比重大小意味着居民家庭金融资产中存在的风险大小。储蓄存款的收益主要是利息收入,而股票收益的来源主要是股息和红利。中国居民的利息收入相对而言比较稳定,而股息和红利收入则相反。因此,我们将财产性收入中利息收入的比重和股息红利收入的比重作为衡量家庭金融资产收益风险的指标,记为:Y =(ins/asset、div/asset)。利息收入和股息红利收入的相关数据参见表 4.6。

3. 实证检验

首先,进行典型相关系数的测算。对样本数据采用 Stata 软件进行分析,计算宏观经济风险和背景风险指标与金融资产收益占比之间的相关系数,并进行显著性检验。为了消除不同数据量纲和数量级别的影响,在分析前对数据进行了标准化变换处理。测算结果如表 4.7 所示:

表 4.7 典型相关系数及其显著性检验

	典型相关系数	Wilk's	*F* 统计量	显著性
最低收入户	0.916 8	0.126 0	3.631 5	0.006 7
	0.454 9	0.792 8	0.717 7	0.597 0
中等收入户	0.813 1	0.237 7	2.099 8	0.075 9
	0.546 0	0.701 8	1.167 5	0.376 9
最高收入户	0.885 9	0.125 6	3.637 0	0.006 9
	0.644 3	0.584 7	1.953 5	0.171 3

注:中等收入户第一个典型相关系数在 10%的显著性水平上显著;最低收入户和最高收入户的第一个典型相关系数在 1%的显著性水平上显著。

分别对不同收入组进行计算,得出两个典型相关系数,第一个典型相关系数是最大的,它能最大程度地解释两组变量变动的相关性,因此,此处关注第一个典型相关系数的检验结果。按照多元方差分析的原理,采用 Wilk's Lambda 检验方法对典型相关系数进行检验，每组都只是第一个典型相关系数显著。由此检验结果可以看出，最低收入户的财产性收入中金融资产收益份额的变动，与宏观经济风险和背景风险有更强的相关关系。

其次，测算典型载荷矩阵。对典型变量和原始变量之间的具体相关关系进行结构分析。虽然通过典型相关系数的计算，可以形成每个原始变量以一定权重进行表达的典型变量，但是利用典型权重来解释变量的重要性时应审慎。例如，权重小可能是因为该变量没有关联，也可能是因为该变量与其他变量具有共线性。因此，进行典型载荷分析，有助于更好地解释已提取的典型变量。所谓的典型载荷分析，是指原始变量与典型变量之间的相关性分析。这时，原始变量之间不会存在共线性问题。典型载荷的绝对值越大，表示原始变量对典型变量的重要性也越大。表 4.8 列出了两组典型相关关系的典型载荷矩阵。

表 4.8　典型载荷矩阵

	最低收入户	中等收入户	最高收入户	最低收入户	中等收入户	最高收入户
宏观经济风险和背景风险	U_1(L)	U_1(M)	U_1(H)	U_2(L)	U_2(M)	U_2(H)
rGDP_risk	−0.259 1	−0.394 5	−0.043 9	0.059 9	0.738 1	0.852 1
CPI_risk	0.826 0	0.805 6	−0.678 0	−0.075 9	0.332 5	−0.138 8
r_risk	0.673 8	0.789 6	−0.727 2	−0.439 9	0.031 2	−0.127 4
con_risk	−0.273 9	−0.340 1	0.570 4	0.030 8	0.069 9	0.177 1
hou_risk	−0.035 6	0.380 3	0.445 1	0.936 4	0.068 2	−0.095 1
金融资产收益份额	V_1(L)	V_1(M)	V_1(H)	V_2(L)	V_2(M)	V_2(H)
ins/asset	0.845 0	0.974 9	−0.832 5	0.388 3	0.223 7	−0.553 8
div/asset	0.403 0	−0.571 6	−0.041 2	−0.898 1	0.820 4	0.999 0

注：U_1 和 V_1 是第一组具有典型相关关系的典型变量；U_2 和 V_2 是第二组具有典型相关关系的变量。

第一组典型载荷矩阵，其典型变量 V_1 与利息收入的份额有较强的相关性，其中最低收入户的典型相关系数是 0.845 0，中等收入户是 0.974 9，最高收入户是 −0.832 5。可以得出中低收入户的金融资产收益对宏观经济风险和背景风险更为敏感，尤其是利息收入的变动与外部风险的变化更具有协同性。

最低收入户的 U_1 与 CPI 和利率的波动性有较强的相关性，相关系数分别为

0.826 0 和 0.673 8,也就是说 CPI 和利率波动越剧烈,利息收入份额就越大。中等收入户和最高收入户的 U_1 也与 CPI 和利率的波动性有密切的关系,不过从数据上分析,中低收入户的利息收入变动与 CPI 波动的相关性更强,而最高收入户的利息收入变动则对利率更为敏感。由此得出,最高收入户的 U_1 不仅和宏观经济风险中的 CPI 和利率波动相关性强,而且还与消费支出比重、购房与建房支出比重的波动性有较强的相关性,其中,与利息收入变动的相关性为负。当总收入中消费支出份额和购房及建房支出份额波动剧烈时,财产性收入中利息收入份额则会下降。

根据第二组典型变量的典型载荷矩阵,其典型变量 V_2 与股息红利收入份额的变化具有较强的相关性,最低收入户、中等收入户、最高收入户的典型相关系数分别是:-0.898 1、0.820 4 和 0.999 0。由此得出,最高收入户的股息红利收入在财产性收入中的比重变动,更容易受到宏观经济风险和背景风险影响。其中,最低收入户的 U_2 与购房及建房支出份额波动性的关系最为密切,典型相关系数为 0.936 4,最低收入户的股票收益和背景风险中房产投资部分支出波动的相关性为负,当房产投资部分出现较强波动时,股息红利收入在财产性收入中份额减少。中高收入户的 U_2 与 GDP 增长率波动的相关性较强,最高收入户的相关系数更是高达 0.852 1,中等收入户的相关系数则为 0.738 1,中高收入户的股票收益更容易受到宏观经济风险中 GDP 增长率波动的影响,而且 GDP 增长率波动越大,股票收益份额就越大。

工资收入是中国城镇居民的主要收入来源,财产性收入在总收入中的份额相对较低,且最低收入户的财产性收入在总收入中的份额会更低。其中利息收入的占比逐年下降(如表 4.6 所示),最高收入户的利息所占比重速度下降更快。近年来,最高收入户的利息收入所占比重已低于最低收入户。相反,最高收入户股息红利收入的比重要高于最低收入户,且该比重的变动幅度越来越大,但其变动频率没有最低收入户的快。该特点说明最低收入户对外部风险的承受能力依然比较差,家庭金融资产的主要组成成分还是储蓄,金融资产收益的主要来源也还是利息。

分析结果显示,利息收入变动对宏观经济波动风险比较敏感,中低收入人群的利息收入与 CPI 的波动关联性更强,而高收入人群的利息收入与利率波动的关联性更强。其中,高收入人群的利息收入不仅与宏观经济风险相关,而且与其家庭背景风险亦相关联。由此可见,高收入人群会依据利率变化来调整存款的比例,且依据对宏观经济风险的判断来进行消费支出和房产投资,所以,其背景风险与宏观经济风险的关联性也很明显。此外,中低收入人群应对宏观经济风险的能力比较差,他们没有信心和能力通过其他途径来规避面临的风险，因此，当物价波动时，其实际利息收入也随之波动。

低收入人群作为特殊的人群，其股息红利收入份额变动与房产投资波动也有较强的相关性。股息红利收入会随着低收入人群购房及建房支出波动增加而减少。同时他们更易受到背景风险的困扰，因其收入较低而且收入不稳定，房产的支出将会进一步挤占股票投资。也就是说，对于低收入人群而言，其房产投资风险与金融资产风险之间会相互转换：当房产投资风险高时，金融资产风险相应较低；反之亦然。但现实中，低收入人群的房产投资占其家庭总财富的比重很大，因此，金融资产的风险并不一定能够完全转嫁给房产投资。但是，中高收入人群的股息红利收入份额与宏观经济风险的相关性较强，主要表现为与GDP增长率波动性同方向变动。可以得出结论，对于高收入人群而言，宏观经济风险的增加会引起金融资产收益的变动，从而增加其家庭风险。

4.4　经济周期波动对居民家庭金融资产结构变化影响的分析

以上分析得出的结论就是中国近年来居民家庭金融资产风险的大小与金融资产的结构高度相关。因此，需要深入剖析经济周期波动对居民家庭金融资产结构变化的影响，分析中国居民家庭金融资产的风险变化特征，并揭示各类家庭金融资产对宏观经济变动的敏感性。

4.4.1　经济周期对家庭金融资产影响的动态描述

在经济发展不同阶段，不同家庭金融资产对宏观经济变化的敏感性是不同的。本研究将经济周期指标和家庭金融资产指标一并纳入该动态变化模型中，通过变参数模型分析它们之间的影响过程的动态变化。

状态空间模型（state space model）是动态模型的一般形式，由一组量测（observation）方程和状态（state）方程构成。许多时间序列模型，如古典线性回归模型、ARIMA模型等都可以看作是状态空间模型的特殊形式。利用状态空间模型表示动态系统主要有两个优点：第一，状态空间模型将不可观测的变量（状态变量）并入可观测模型，并与其一起得到估计结果；第二，状态空间模型是利用强有力的迭代算法——卡尔曼滤波（Kalman filter）来估计的，可以用来估计单变量和多变量的

ARMA 模型、马尔科夫转化模型和变参数模型（高铁梅，2009）。

$$\text{量测方程：} y_t = x_t\beta_t + z_t\gamma + u_t \tag{4.8}$$

$$\text{状态方程：} \beta_t = \varphi\beta_{t-1} + \varepsilon_t \tag{4.9}$$

$$(u_t, \varepsilon_t)' \sim N\left(\begin{pmatrix}0\\0\end{pmatrix}, \begin{pmatrix}\sigma_u^2 & 0\\0 & \sigma_\varepsilon^2\end{pmatrix}\right), \ t=1, 2, \cdots, T$$

其中，y_t是居民家庭金融资产变量；x_t是经济周期波动变量集合；随机系数向量β_t是状态向量，被称为可变参数。假定可变参数β_t的变动服从于 AR（1）模型。扰动向量 u_t、ε_t被假定为互相独立的，且服从均值为 0，方差分别为σ_u^2和σ_ε^2的正态分布。

4.4.2 经济周期对家庭金融资产结构动态影响分析

考虑不同的风险，本研究应用 1978—2018 年期间的中国居民家庭金融资产数据中居民现金持有比例、储蓄存款比例和持有股票比例与宏观经济指标（GDP 增长率、CPI 变化率和利率 R）建立状态空间模型。[①]设手持现金比例为 M、储蓄存款比例为 D、股票比例为 S、GDP 增长率为 $RGDP$、CPI 增长率为 $RCPI$、利率为 R，模型即表示为：

$$\text{量测方程：}\begin{pmatrix}M_t\\D_t\\S_t\end{pmatrix} = \begin{pmatrix}\alpha_1\\\alpha_2\\\alpha_3\end{pmatrix} + \begin{pmatrix}\beta_{1t}\\\beta_{2t}\\\beta_{3t}\end{pmatrix}(RGDP_t \quad RCPI_t \quad R_t) + \begin{pmatrix}u_{1t}\\u_{2t}\\u_{3t}\end{pmatrix} \tag{4.10}$$

$$\text{状态方程：}\begin{pmatrix}\beta_{1t}\\\beta_{2t}\\\beta_{3t}\end{pmatrix} = \begin{pmatrix}\varphi_{11}\\\varphi_{21}\\\varphi_{31}\end{pmatrix} + \begin{pmatrix}\varphi_{21}\beta_{1t-1}\\\varphi_{22}\beta_{2t-1}\\\varphi_{23}\beta_{3t-1}\end{pmatrix} + \begin{pmatrix}\varepsilon_{1t}\\\varepsilon_{2t}\\\varepsilon_{3t}\end{pmatrix} \tag{4.11}$$

运用 Eviews 软件进行数据处理，得到结果如表 4.9 所示，状态空间模型的拟合比较好，由于各种家庭金融资产比例的量测方程的随机扰动项的标准差σ_u都不显著，说明其对于突然的外界变化并不敏感。在手持现金比例 M 的估计结果中，状态方程β_1的系数φ_{21}和方差$\sigma_{\varepsilon_1}^2$、状态方程β_3的系数φ_{23}和方差$\sigma_{\varepsilon_2}^2$都是在 1%水平上显著，说明 GDP 增长率和利率影响手持现金比例的作用是显著的，且该影响作用对于外部冲击也是敏感的。状态方程β_2的系数φ_{22}的 t 统计量非常大，因此可以认为 CPI

---

① 数据见表 2.1 和表 2.2。

表4.9　状态空间模型估计结果

		参数	估计方程		
			M	D	S
量测方程		α	0.192 3*** (4.368 0)	0.623 5*** (13.87)	0.059*** (6.747 6)
		σ_u^2	−23.83 (−0.000 0)	−18.10 (−0.001 8)	−19.97 (−0.002 6)
状态方程	β_1	φ_{21}	0.977 0*** (39.99)	0.979 1*** (11.998)	0.661 9 (1.589 0)
		$\sigma_{\varepsilon_1}^2$	−12.80*** (−11.70)	−12.40*** (17.62)	−15.04*** (−15.14)
	β_2	φ_{22}	−0.996 9*** (显著大)	0.057 (0.000 3)	−0.036 3 (−0.000 2)
		$\sigma_{\varepsilon_2}^2$	−23.08 (−0.008 1)	−37.37 (−0.000 0)	−25.98 (−0.000 8)
	β_3	φ_{23}	0.982 3*** (9.071 7)	−0.248 3 (−0.084 2)	−0.456 8 (−0.379 3)
		$\sigma_{\varepsilon_3}^2$	−10.96*** (−12.34)	−13.93** (−1.975)	−16.37*** (−3.466 8)
对数似然值			68.98	79.01	89.85
R^2			0.808 1	0.738 9	0.870 2
DW			1.10	1.18	1.72

注：* 表示在10%水平上显著；** 表示在5%水平上显著；*** 表示在1%水平上显著。括号里为 t 统计量。

增长率对手持现金的影响不符合变参数的设定，说明其影响是平稳的。在储蓄存款比例 D 的估计结果中，状态方程 β_1 的系数 φ_{21} 和方差 $\sigma_{\varepsilon_1}^2$ 是在1%水平上显著的，状态方程 β_3 的方差 $\sigma_{\varepsilon_3}^2$ 是在5%水平上显著的，说明GDP增长率对储蓄存款比例的影响也是显著的，且该影响作用对于外部冲击也是敏感的，虽然利率对储蓄存款比例的影响不显著，但利率的影响作用却对外部冲击比较敏感。对持有股票比例 S 的估计结果表明，状态方程 β_1 的方差 $\sigma_{\varepsilon_1}^2$ 和状态方程 β_3 的方差 $\sigma_{\varepsilon_3}^2$ 是在1%水平上显著的，说明GDP和利率对持有股票的影响作用对外部冲击比较敏感。

我们结合状态变量 β_1、β_2 和 β_3 生成的预测数列SV1F、SV2F和SV3F的变化趋势图，进一步分析宏观经济指标对三大家庭金融资产的影响：

手持现金比例:由图 4.9 可以看出,1990 年是三个宏观指标对居民手持现金的影响的分界点。1990 年之前三个指标对其影响变化的波动都比较大,1990 年之后,对其影响变化趋向于平稳。但总体的结论为以下 3 点。(1)GDP 增长率提高时,也就是经济增速提高时,其影响作用增大;GDP 增长率降低时,经济增速减缓时其影响作用降低。(2)CPI 增长率对手持现金比例的影响是稳定的。(3)利率对居民手持现金比例的影响与 GDP 增长率的影响略有相似。

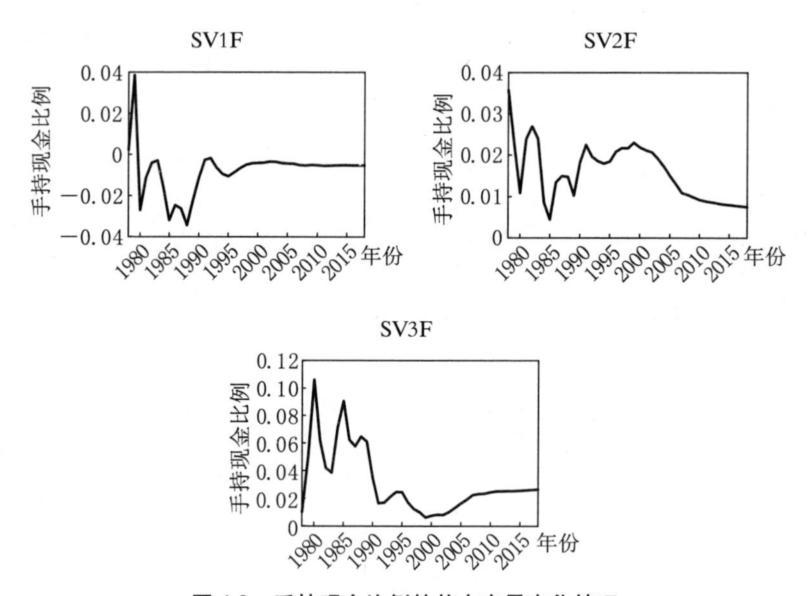

图 4.9 手持现金比例的状态变量变化情况

储蓄存款比例:如图 4.10 所示,对储蓄存款比例的影响是以 1985 年为界,之前的影响波幅较大,之后相对比较平稳。总体来看,可以得到如下结论。(1)1985 年,GDP 增长率对储蓄存款比例的影响到达最低点,GDP 增长率提高 1%,储蓄存款比例下降 1.1%,直到 2015 年到达最高点,GDP 增长率提高 1%,储蓄存款比例相应提高约 1.4%。由分析图形可以看出,GDP 增长率的影响始终处于走高态势。在周期处于扩张阶段时,其对储蓄存款比例的影响也相应有所提高,若处于衰退阶段时,其作用也相应地降低。(2)CPI 增长率对储蓄存款比例的影响作用很小,在 1990 年后影响几乎很平稳。由图分析可知,在改革开放后的第十二年,即在 1990 年,CPI 增长率对其影响最大,在 1985 年对其影响最小。(3)利率 R 对储蓄存款比例的影响作用并不显著,其范围仅仅是 0.003%—0.15%,即利率每提高 1%,储蓄存款比例

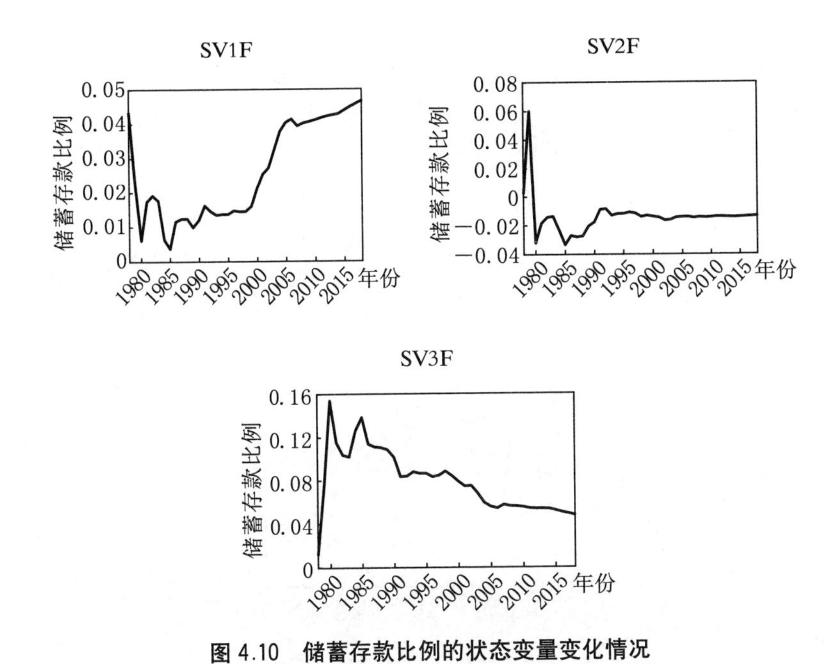

图 4.10 储蓄存款比例的状态变量变化情况

的提高幅度在 0.003%—0.15%的范围内。但是,分析数据显示,利率对储蓄存款比例的影响受外部冲击明显,1996 年之前,利率对储蓄存款比例的影响剧烈,1996—2008 年间影响就相对比较稳定,这也是中国经济发展比较平稳的一个阶段。

股票比例:如图 4.11 所示,中国股票市场发展比较晚,1987 年后居民才持有股票。总体结论如下。(1)GDP 增长率对持有股票比例的影响是正的,但是不显著,影响大小保持在 - 0.01%和 0.15%之间。2016 年 GDP 增长率的影响达到最大值,2000 年达到最小值。GDP 增长率对居民持有股票比例的影响是正向的。(2)CPI 增长率对持有股票比例的影响比较小,CPI 增长率每提高 1%,持有股票比例提高 0.06%。2009 年 CPI 增长率的影响最小,在 1989 年其影响最大。(3)利率对持有股票比例的影响基本是负向的,影响不显著,基本维持在 - 0.12%—0.03%。GDP 增长率和利率的影响虽然不显著,但是影响对外部冲击的感应却是显著的。从图中可以看到明显的波动性。1997 年之前,利率影响波幅比较剧烈,1997 年以后波幅相对较小。

综合上述分析,可以得到以下结论:一是各类家庭金融资产对不同宏观经济指标的敏感性不同:(1)手持现金对 GDP 增长率、CPI 增长率和利率变化都比较敏感;(2)储蓄存款对 GDP 增长率的变化比较敏感;(3)持有股票比例对宏观经济指标并

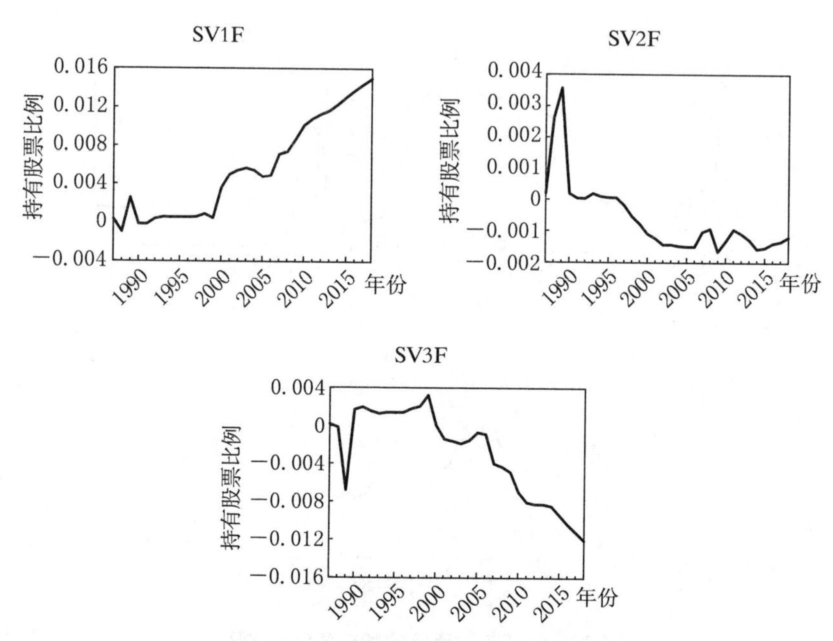

图 4.11 持有股票比例的状态变量变化情况

不敏感。二是家庭各类金融资产对外界冲击的反应都不敏感,但各种宏观经济指标受外界冲击时的敏感度不同,相应地对家庭金融资产的影响也不同。三是在经济周期的不同阶段,宏观经济指标对家庭金融资产的影响有所不同。GDP 增长率对居民家庭手持现金比例的影响持续降低,而对储蓄存款比例的影响持续提高。在经济扩张阶段,GDP 增长率的影响加强,相反在经济衰退阶段,其影响减弱。四是低风险的金融资产对宏观经济指标变化相对更为敏感,而高风险的股票,虽然在一些高收入的家庭中持有比率比较高,但就全社会来看,居民持有股票的比例并不高,宏观经济指标对持有股票比例的影响,容易受到外部冲击的影响而剧烈波动。

第5章　家庭金融资产风险的成因与类型

研究居民家庭金融资产风险形成的原因和风险类型，必须从两个方面进行探析：一是家庭内部因素，基于居民家庭内部的原因，如收入、风险偏好及家庭成员受教育程度等等；二是外部社会因素，如社会关系、社会制度和社会信任等等。

5.1　微观原因：家庭内部因素

5.1.1　收入因素

对于一个家庭来说，收入会影响家庭投资的多方面。财富多且收入高的家庭，往往会选择风险性高的金融资产，而财富和收入综合指数越高的家庭，一般可以认为是家庭资产配置的高净值客户，他们因为财富背景比较优秀，会愿意接受金融资产配置结构中的高风险因素，这在整个家庭资产的配置结构中体现为高风险金融资产的比例高（尹志超、吴雨，2015）。相比之下，财富和收入综合指数相对较低的家庭，倾向于避免风险资产配置，他们关注的是储蓄、现金和国债等资产形式。因此，人们普遍认为，家庭收入水平，特别是可支配收入水平，是一个影响家庭投资和财务管理风险的重要因素，也是一个重要的物质基础，如果家庭的收入水平低，那么家庭对于高风险金融资产的需求也会随之下降。高收入家庭更青睐高风险产品，一方面是因为这部分家庭在满足正常的消费支出后还会以金融资产的形式留下一部分资产，这使高收入的家庭更有实力投资更多元化的家庭资产配置，与之对照，低收入家庭可以积累的资产有限，因此不能满足其风险投资的多元化需求。另一方面，高收入家庭可能有高学历背景，有更加先进、创新的投资意识，能够积极选择收益相对较高的风险资产配置，也具有较好的财务管理意识和风险承受能力。从另一个角度来看，富裕家庭的金融资产在家庭资产中所占的比例较大，这将导致高收入家庭对于金融资产的投资有更高的追求，会更积极地寻找适合他们的融资渠道和更适合家庭的科学投资方法，以此实现财富的最大价值，因此他们理所当然地更加愿意承担高风险。同时，高收入家庭也可以实现合理且投资多元化的整体资产配置结构，通过调整和管理资产配置，改变财务管理风险的比例结构，并根据金融市场环境的变化选择更合理的投资组合，从而达到更高的投资收益率。但对于低收入家庭来说，他们拥有的资产较少，可投资渠道少，可投资数量也较低，就不能够像中高收入家庭那样进行多元化的投资，更不能承受相应的高风险，只能将资产配置在储蓄存款、债券和其他流动性强、低风险的资产上。所以，根据以上讨论，家庭的收入是影响家庭金融资产投资的重要因素，也是影响家庭金融资产风险的首要原因。

5.1.2　风险偏好因素

家庭资产配置是人为的投资行为，因此家庭选择何种风险类型的资产就能够反映出家庭是何种风险偏好型。总的来说，风险承受能力较高的家庭倾向于选择风险高、收益高的金融资产组合，而风险厌恶程度较高的家庭倾向于选择风险低或非常安全的金融资产组合。但风险偏好并不是与家庭收入水平紧密相关的：一些高收入的家庭可能是风险厌恶型，但这样的风险厌恶型高收入家庭将会有非常强的储蓄力；相反，一些低收入家庭可能是风险偏好型，会更愿意投资于高风险的金融资产。但对于风险偏好型家庭，并不是说选择高风险资产就是一种盲目跟风，而是必须在一定的判断下，在家庭学习了相关的金融知识，了解其风险和收益之后，再使用家庭资产对相关金融资产进行投资，从而获得收益，使家庭的总财富提升（王渊等，2016）。由此可见，风险偏好是家庭资产风险的重要成因。

5.1.3　家庭受教育程度因素

家庭受教育程度主要决定两个方面：一是职业差异，家庭的受教育程度会影响家庭成员的职业选择，如果家庭受教育水平较高，则家庭的收入来源更广，收入金额更高，家庭的金融资产配置也就更强；二是学习能力，进行更多元的金融资产的投资需要家庭成员拥有更高层级的金融知识、宏微观经济知识。除此之外，受教育程度更高的家庭对于未来经济发展的趋势和资产风险的发生都有更好的预测和了解，特别是能够很好地确定风险资产的比例，从而有效地实现对风险金融资产的投资。相反，如果家庭受教育程度较低，则可能或花费更多的精力和时间进行知识的学习，机会成本更高，因此家庭受教育程度对于家庭金融资产投资是非常重要的因素（廖理等，2015），也是影响家庭金融资产风险的因素。

5.2　宏观原因：外部社会因素

5.2.1　社会关系的影响因素

对于家庭来说，家庭金融资产投资是一种独立的行为，但大多数家庭都更加愿意对其他家庭进行了解、学习和模仿，通过与其他家庭沟通并参考其投资决策，将大大提高家庭的投资信心，从而最终影响家庭资产配置行为。社会关系的互动主要表现在两个方面：(1)参考其他家庭的投资行为。家庭通过与其他家庭进行沟通，做出与其相似或相同的决策，并了解他们在进行一项投资行为后，得到了怎样的收益以及承受了多高的风险，这对于家庭进行下一步合理投资十分重要。(2)与其他家庭的沟通。第一，家庭可以与其他家庭交流和沟通彼此得到的信息，通常家庭可以与其他家庭正常地沟通交流，这样其风险管理和控制就会具有更高的随机性。并且如果家庭与家庭之间有足够好的交流和沟通，那么家庭也能够更好地了解可能会得到的报酬。第二，如果家庭与家庭之间通过沟通建立了好的投资模式，那么，金融市场上家庭金融的发展将会更加快速（柳建坤等，2023）。因此，家庭的社会关系复杂程度直接影响家庭资产的风险程度。

5.2.2　社保制度的因素

对于家庭资产配置的选择，前文也提到，很大程度上取决于家庭对于风险的承受能力，而家庭对于风险的承受能力，既与家庭的总财富有关，又与整个社会的保障制度密切相关。如果社会保障制度完善，能够系统、全面地保障个人和家庭，那么一个家庭就能提高自己的风险承受能力，在此基础上才能更好地进行金融资产投资。并且研究表明，如果社会保障制度是完善的，那么在消费周期的最后阶段，家庭就可以减少相应的储蓄金额。中国的社会保障体系还有待进一步加强，以促进中国的金融市场更加活跃（王稳、桑林，2020）。由此可见，社会保障对家庭金融资产的选择和风险皆有影响。

5.2.3　社会信任影响因素

随着经济的进一步发展和金融市场的不断完善，个人和群体对于市场和社会的信任也会产生决定作用，社会信任程度高会产生事半功倍的效果，而如果社会信任程度低，那么交易成本就会增加，从而会阻碍经济的进一步发展。在金融市场同样如此，当家庭面临不确定的投资环境，有效的社会信任将大大提高家庭资产配置的信心，尤其是在选择风险较高的金融资产时，对社会更高的信任程度会使家庭对于金融产品更加有信心，从而影响家庭的风险决策。

当一个家庭进行资产配置时，尤其是进行风险资产的组合选择时，社会信任所起的作用主要表现为两个方面：一是家庭对宏观经济形势与环境的态度；二是家庭对金融机构社会信用调查的认可度。特别是对于社会信任度较高的家庭，他们倾向于表现出对社会和经济状况的信心，他们对金融机构、监管部门和社会大环境有充分的信任，所以在这种情况下，他们就会更倾向于选择高风险性资产，在活跃的金融市场上，他们也就可以积极地参与投资。但如果整体社会对于经济和金融市场的信任程度低迷，那么中高收入家庭对于金融市场的信心将会不足，这使他们不愿意过多地投入金融市场，从而使金融市场不那么活跃。因此，社会信任程度对家庭资产配置的选择具有非常重要的影响（臧日宏、王宇，2019）。

随着中国金融市场效率的提高和投资环境的改善，越来越多的家庭将资金投向金融市场，以获得有效的资产配置。随着外部经济环境的变化，城镇居民会调整家庭金融资产结构。金融资产配置能够聚集或分散社会金融风险，也能够反映居民对未来经济的预期。同时，家庭金融资产结构也反映了资产持有组合的差异，不同的投资组合结构带来的风险和收益的差异会影响家庭财富的增长方式、风险承受程度，甚至融资能力。城镇居民的金融资产以各种金融产品的形式存在于家庭中。中国城镇居民的金融资产大致可以分为现金、银行存款、有价证券（债券、国债、股票等）、保险等。所谓城镇居民的金融资产结构，就是居民对各种金融产品的选择以及所形成的产品之间的比例关系。随着中国经济的不断发展，城镇居民金融资产总量迅速增加，结构也在不断变化，出现了初步多元化的趋势。

随着财富的增加，生活水平的提高，家庭结构、功能和观念的变化，家庭的需求从对一般商品和服务的需求发展到对更高层次的金融产品和服务的需求。在不同时期，居民会根据外部经济环境的变化调整家庭金融资产的比例。调整无风险资产和风险资产之间的比例，及其在不同经济周期的配置，可以聚集或分散社会的金融风险，也可以反映人们对经济的判断和预期，所以衡量家庭部门的金融资产结构的风险，可以更准确地确定家庭金融资产的风险在不同时期的变化，同时也可以揭示各种类型的金融资产对宏观经济变化的敏感程度，为政府制定宏观经济政策来引导居民合理消费和投资提供研究依据，最终改善家庭福利并指明财产性收入增长的方向，让更多的低收入家庭分享经济增长的好处。随着中国金融市场的发展和居民生活水平的提高，居民消费和投资观念的进步，可供居民家庭选择的金融资产种类越来越多。居民在进行资产配置时，不可避免地受到外部宏观经济环境的影响。在不同的经济周期中，家庭可以调整其金融和非金融资产，以应对宏观经济变化，避免风险。因此，测量家庭金融投资组合的风险可以揭示家庭金融投资组合对宏观经济环境的变化的敏感性，为政府制定宏观经济政策提供依据，指导居民合理消费和投资，从而使家庭财富增长和社会福利提高。

5.3　其他原因：各类资产的比例

纵观城市家庭的财富管理过程，我们发现一些不合理的现象导致了家庭财富风险增大。首先，家庭住房资产占比相对较高，流动性不足。2017年，房地产占城市家庭总资产的77.7%，而金融资产仅占11.8%。相比之下，美国家庭的房地产占比为34.6%，金融资产为42.7%。住房资产在中国家庭总资产中的占有比例非常之大，只要房价变化，家庭资产随时可能发生巨大的变化，进而直接影响到家庭的投资理财行为。其次，家庭金融资产配置风险较大（杨洁，2021）。这主要体现在三个方面。第一，家庭金融资产分配不均。相关数据显示①，42.9%的家庭金融资产配置是银行存款。而金融产品仅占13.4%。家庭对高风险金融资产的敞口较小，股票占8%，基金占3%，债券仅有0.7%。第二，单一的投资组合降低了家庭承受系统性风险的能力。家庭没有使他们的投资多样化，反而使其更加受束缚。高达67.7%的

① 数据来源于广发银行联合西南财经大学于2018年发布的《2018年中国城市家庭财富健康报告》。

中国家庭只有一种投资产品,仅22.7%的家庭有两种投资产品。而在美国,61%的家庭拥有三种以上的金融资产投资。如果家庭投资的种类过于少,将无法分散风险,并使系统性风险有所增加。第三,虽然当下中国的金融资产投资过于单一,但也不能直接进行极端高风险的投资,这也同样对金融市场的发展有害。而中国的家庭金融资产投资就呈现U形的分布:要么非常低,有46%的家庭不承担任何风险;要么非常高,有15%的家庭所承担的金融风险超过了其家庭总资产的24%。而在美国,这一情况刚好相反,大多数美国家庭都承担了中等程度的风险。中国这种两头宽的状况非常不利于金融市场的发展。需求侧和供给侧应该共同努力打破不合理的分配。

根据资产的收益和风险水平,所有的家庭金融资产可以分为三类:存款、债券和股票。调查数据显示①,储蓄仍是中国家庭最重要的金融资产,占金融总资产的45.8%,远高于欧盟的34.4%和美国的13.6%。数据显示,在中国,极低风险水平和极高风险水平的家庭所占比例都较高,而中等风险水平的家庭所占比例较低。其中,投资组合无风险的家庭占46.2%,风险极低的家庭占27.7%,风险较高的家庭占14.7%,只有11.4%的家庭处于中间水平。中国家庭金融投资组合的风险分布明显两极分化。与此同时,中国家庭投资存在明显的风险错配。11.7%的中国家庭存在明显的风险错配,其中6.9%的家庭偏好风险,而其金融资产组合的风险水平非常低;4.8%的家庭厌恶风险,但承担了高风险的金融资产组合。影响中国家庭投资组合风险的直接因素是股票在金融资产中的比重。相比之下,美国家庭在股票投资方面没有那么极端。

证券投资风险可分为系统性风险和非系统性风险。股票风险包括经营风险和利率风险。债券风险主要是信用风险。系统性风险也被称为市场风险、不可分散风险,它关乎市场整体运动,是由于外部因素,如政治、经济和社会环境的不确定性,使一组或一类证券价格出现波动的风险,其来源主要包括战争、经济衰退、通货膨胀、利率和其他因素,所以也被称为"宏观风险"。系统性风险包括政策风险、周期性风险、利率风险和购买力风险,这些风险影响所有证券,并且不能通过分散投资来减轻。非系统性风险,又称公司特有风险和可分散风险,主要源自企业内部因素,如业务失误、消费者偏好变化、劳动争议、新产品试制失败等。这类风险只影响

---

① 数据来源于小牛资本联合中国家庭金融调查与研究中心于2016年发布的《2016年中国家庭金融资产配置风险报告》。

特定的公司或行业，可以通过分散投资策略来减轻。股票的主要风险包括经营风险和市场风险。债券投资的主要风险是信用风险，涉及借款方违约的可能性。

同样，在金融资产投资中，风险因素对居民金融资产的影响直接决定了风险资产和非风险资产在金融资产中的比例，因此，家庭理财组合的选择具有重要的意义。国家政策与居民金融投资呈正相关。国家在鼓励投资的同时，也应出台一系列有利于居民投资的政策，使居民在选择投资时尽量减少政策风险。当整体宏观市场处于投资的有利阶段时，居民偏好金融投资。当国家鼓励储蓄并控制通货膨胀时，将会出台一系列政策来减少社会投资，居民的资产将会转向储蓄而不是投资。市场利率与股票和债券的投资积极性成反比。市场利率也是居民投资的风向标之一。当利率低时，股票价格上涨，居民倾向于把钱投资在股票上。当利率上升时，股票的相对投资价值会下降，股票价格会下降，居民投资股市的积极性会下降。关于固定利率债券，其价格与市场利率成反比关系，即市场利率上升，其债券价格下降，基于成本与市价孰低原则，居民就会手持更多债券；反之亦然。总而言之，金融资产利率波动变化直接影响居民的投资决策。在通货膨胀初期，名义资产和名义购买力增加，股票价格上涨。预期通货膨胀的投资者可能会增加购买股票以保持其价值，从而使股票价格上升。经过一段时间的通货膨胀，市场对通货膨胀的反应开始出现。由于原材料价格上涨，企业成本增加，收入减少。投资者卖出股票，转向其他投资方式以保护自己的财富。严重的通货膨胀还会使股票持有者持有的股票贬值，而他们持有的货币的购买力也会大大降低。

第6章　中国居民家庭金融资产风险测算方法的选择和应用

随着财富的增加，生活水平的提高，家庭结构、功能和观念的变化，家庭从对一般商品和服务的需求发展到对更高层次的金融产品和服务的需求。在不同时期，居民会根据外部经济环境的变化调整家庭金融资产的比例。无风险资产和风险资产的比率和配置，在不同经济周期既可以聚集或分散社会金融风险，也可以反映人们对经济的判断和预期，所以测量家庭金融资产结构的风险，可以更准确地确定家庭金融资产的风险在不同时期的变化，同时也可以揭示各种类型的金融资产对宏观经济变化的敏感程度，为政府制定宏观经济政策、引导居民合理消费和投资，最终改善家庭福利并让更多低收入人群分享经济增长的好处提供研究依据。

6.1　研究方法回顾

现代投资组合理论研究在各种不确定性条件下，理性的投资者在各种相互关联的金融产品之间如何做出最佳的投资决策，即如何把一定数量的钱按照适当的比例，多样化地投资于各种不同的证券，以实现效用最大化的目标。美国经济学家、诺贝尔奖得主马科维茨在1952年首先提出了投资组合理论。马科维茨首次从风险资产的收益率与风险之间的关系以及经济系统的不确定性的角度，讨论了最优投资组合选择问题，论述了“投资组合”的基本原则，提出了均值-方差模型，为股票期权理论奠定了基础。随后,一些研究者对这一理论进行了丰富、完善和发展。马科维茨针对均值-方差模型的缺陷提出了均值-方差的一般模型,这一模型更符合投资者对风险的实际心理感受。托宾在 1958 年进一步扩大了投资组合理论的应用范围,将其应用到所有的实物资产和金融资产的分析,形成了"资产选择理论"。1964 年,威廉·夏普用单指数模型来衡量指数的风险特征,并提出了单指数模型,又称市场模型,大大简化了马科维茨繁琐的计算。威廉·夏普等人提出了在风险条件下的市场均衡理论,该理论基于均值方差准则,将资产组合理论拓展到了风险条件下资本资产价值,揭示了单个资产存在无法规避的系统性风险。该文与 Lintner(1965)和 Mossin(1966)发表的文章共同建立了资本资产定价模型,对投资理论的发展起到了巨大的推动作用。外国学者对马科维茨模型研究较多,国内学者研究主要集中在马科维茨的均值-方差模型试验。胡日东(2000)提出了均值绝对离差投资组合模型,该模型不需要假设证券收益率服从正态分布。徐绪松等(2002)提出了均值-半绝对偏差组合模型,该模型综合了半方差向下风险概念的优点和第一绝对偏差存在的优点。朱顺泉(2010)对 CAMP 模型进行了扩展,并基于中国股市进行了实证研究。VaR 方法最早出现于 1993 年,是目前最通行的风险度量方法。中国理论界从 2006 年开始对 VaR 方法进行探讨。牛昂(1997)最先介绍了该方法及其在国际银行风险管理中的应用。随后,刘宇飞等(1999)改进了 VaR 的计算方法。田新时、刘汉中(2003)讨论了在广义误差分布(general error distribution, GED)的假设下 VaR 的计算,如何采用适当的内部模型研究风险监管。杨晓光、马超群(2003)研究了资产的组合优化与厚尾财产的 VaR 风险度量问题,并提出更换厚尾分布尾部的一阶扩张分布近似计算,以避免直接计算时厚尾分布的复杂计算。范英(2012)为 VaR 方法在中国的应用提供了一些实证依据,他运用 VaR 方法研究了深圳证券交易所成分股价指数(简称深证成指)的风险,发现 VaR 方法只是略微低估了深证成指的市场风险。Rockafellar 和 Uryasev(2000)提出了条件 VaR 的风险度量技术,定义了条件风险价值(Conditional Value at Risk, CVaR),并描述了 CVaR 的性质,给出了线性资产组合在正态分布下风险值的基本计算方法。此后,Pamquist 等(2001)将他们对 CVaR 的讨论扩展到对约束的讨论、对投资组合优化的讨论,并使用历史模拟来计算标准普尔指数中 100 只股票的 CVaR 值。随后,Jorion(2007)对 CVaR 的优化算法和应用做了有益的综述。Gordy(2000)使用 CVaR 方法成功地介绍了信用风险的测量方法,使用蒙特卡罗模拟创建一个随机数,模拟了新兴债券收益率的分布,最后进行了信用风险测量,将这一问题转化为线性规划的问题,进而求出投资组合的权重,最小值构成 CVaR。从此,CVaR 风险度量框架进一步拓展,完成了从市场风险度量手段向多种风险度量手段的转变,应用范围更加广泛。

目前,经济学家从不同的角度重新定义了传统金融决策框架的相关假设,使其更加接近真实的金融市场和家庭投资者的行为特征。例如,他们的模型考虑劳动收入特征和家庭投资者偏好,该模型可以更好地描述家庭投资者的消费和资产配置行为(何秀红、戴光辉,2007;雷晓燕、周日刚,2010)。这些从财务决策角度对家庭资产配置理论的研究,对传统理论进行了扩展,主要从家庭投资者效用函数和市场摩擦两个方面与家庭资产配置建立了联系,并取得了许多突破(陈工孟、郑子云,2003)。

6.1.1 效用函数

在禀赋条件的约束下,代表性家庭的投资者通过消费和投资选择实现期望效用的最大化,δ表示时间贴现因子,U 表示投资者的效用,其目标函数可以表示为:

$$\max E_t \sum_{t=0}^{\infty} \delta^i U(C_{t+i}) \tag{6.1}$$

在金融决策视角下,效用函数家庭资产配置理论的进展主要包括四个方面。(1)幂效用偏好。传统的研究一般设置家庭投资者的偏好为幂效用函数,利用相对风险厌恶系数来衡量投资者的风险态度。近年来,一些学者在幂效用偏好下研究家庭资产配置,不仅界定了基本消费品的效用,也界定了耐用消费品或奢侈品的效用,扩大了幂效用偏好下家庭资产配置的研究。在这种偏好下,投资风险资产的份额将会很高。(2)递归的偏好。事实上,常相对风险规避型(CRRA)效用函数是递归效用函数的一种特殊形式,即当相对风险厌恶系数与跨期替代弹性互为倒数时,将递归效用函数转化为具有时间可分性的功率效用函数。当投资者的效用采用递归偏好的形式时,将跨期替代弹性与风险厌恶系数分离。空间风险测度采用相对风险厌恶系数、时间替代弹性测度时间风险。当二者不是互惠关系时,它们对家庭资产配置的意义是不同的。具有递归偏好的投资者对风险资产的总需求可分为获取风险溢价的短期需求和获取期间风险的套期需求。(3)损失厌恶偏好。利用期望效用理论来描述投资者的风险偏好有一些明显的弊端,如出现圣彼得堡悖论。

应对这一缺陷的期望效用理论和前景理论认为，家庭在规避风险的同时也非常厌恶损失，家庭收入的资产配置的有效性在于得到没有效用损失的资产配置。投资者行为组合理论将投资者分为单一心理账户和多个心理账户的投资者。单一心理账户的投资者关注投资组合中每个资产的相关系数，其投资组合将被集成在一个心理账户；多个心理账户的投资者的投资组合将被分为不同的账户，投资组合是金字塔分层结构，每一层对应着具体的投资目标和风险态度，有些资金投资于底层以规避风险，底层主要是指一些低收益风险的证券投资，有些基金投资于顶层以获得较大的回报，顶层主要是指一些高收益高风险的证券。(4)习惯形成偏好。在一个家庭中，长期的生活使家庭有了自己的习惯，而习惯又反过来会影响一个家庭的投资行为。习惯形成偏好在宏观经济学和资产定价的研究中已经有了非常广泛的讨论。经济学家定义了家庭投资者偏好和家庭消费习惯，采用传统的CRRA效用偏好研究方法，研究发现，家庭的投资偏好不仅仅取决于家庭的消费情况，也取决于家庭的习惯形成。因此具有投资偏好型习惯的家庭更容易进入金融市场进行投资。

6.1.2　市场摩擦角度

传统的古典经济学假设市场是充分竞争的，参与者在市场上的交易成本和税收是公平的，并且假设投资者可以无限借贷，以平稳消费，然而，这种完全竞争市场的假设完全不符合实际情况，投资者不可能无限制地借贷，所有消费者也不可能都能实现平稳消费，因此交易成本、借贷约束和税收等市场摩擦，对家庭投资者的最优消费和投资组合选择都有重要影响。(1)借贷限制。国内投资者借贷与投资的比例通常在0.1到1之间。这种资产在家庭财富中的比例，以及投资者的风险规避性和跨期替代弹性的变化，使得借贷限制降低了国内投资者的理性投资能力，导致投资者无法充分考虑投资组合的多样化。(2)交易成本。实际交易成本可分为直接成本和间接成本。其中直接成本可以在交易过程中进行精准的量化，如开户成本、中介成本等。而家庭投资者的交易需求对交易成本非常敏感。金融市场的交易成本的高低可能会改变家庭投资者的资产选择。(3)税收影响。各国通常对投资收入征税，这使许多家庭的收入降低，尤其是对于高收入家庭而言，从而影响他们之后的消费和投资。事实上，对于无税收损失资产的家庭投资者来说，只有投资交易发生时，家庭投资者才有获得收入的权利和被政府征税的机会。

国外的研究方法在衡量收入保障风险方面逐渐形成了成熟的体系。目前,衡量担保风险的方法可分为两类:随机模拟模型和套期保值模型。套期保值模型包括静态套期保值法和动态套期保值法。英国到期保证研究小组(MGWP, 2003)利用随机模拟模型,计算了一定置信度下的关联保单收益担保的初始风险值,以某加拿大基金(隔离基金)为例,比较了随机模拟和套期保值两种模型收益保证的风险值,还在套期模型中考虑了静态套期保值和动态套期保值两种方法。随机模拟模型分别采用 Weibull 模型和 lognormal 模型,并对两种模型进行比较。Miltersen 和 Persson(2003)研究了养老金合同中的保证年金选项(GAOs)。他们利用基于 VaR 的风险评估方法,进一步提出了基于 CVaR 的收益担保风险度量方法。Barbarin 和 Devolder(2005)分析了随机模拟和套期保值两种模型的优缺点。他们建议采用随机模拟模型对风险进行评估,然后采用套期保值模型对收益担保成本进行合理估值。

在国内的研究中,由于收益担保金融产品发展滞后,对收益担保的研究较少。相关文献主要包括:王福新、易丹辉(2002)引入静态套期保值方法对寿险产品中嵌入的收益担保进行了分析,探讨了寿险企业资产负债管理中应注意的问题;廖发达、罗忠洲(2006)讨论了国内保本金融产品的投资组合管理技术,分析了不同保本技术的适用性;刘富兵、刘海龙(2010)在 HJM 利率模型框架下,利用中国金融市场数据对收入担保下养老基金资产配置进行实证研究,并对国内收入担保形式提出政策建议。从上述理论研究中,可以发现目前计算风险收入保证主要有两个方向:一方面,与套期保值模型相比,它更提倡采用概率分布的随机模拟模型,来模拟可能的未来收入保障成本,然后计算出风险;另一方面,由于 VaR 不满足 Artzner 等(1999)提出的次可加性,所以它并不是一个一致的风险度量。因此,与 VaR 相比,采用 CVaR 衡量风险的可能性更大。收益担保金融产品的投资机构在募集资金时,一般会在产品说明书上详细阐述其资产配置策略。以保本基金为例,中国现有的六只保本基金在招股说明书中明确表示,将主要采用固定比例投资组合保险策略(CPPI)。然而,现有文献在计算收益担保风险时,没有考虑投资机构招股说明书中所述的资产配置策略。事实上,正如 Briys 和 Varenne(1997)所指出的那样,投资机构所采用的资产配置策略改变了回报担保在到期时无法兑现的风险。采用套期保值策略,应降低计算的收益保证的风险;相反,如果采用风险策略,则计算出的收益保证的风险应该增加。投资机构将在产品说明书中说明其资产配置策略。但是，以往的研究在计算收益担保风险时，没有考虑投资机构的资产配置策略。由于不同的资产配置策略实际上反映了不同的风险偏好投资行为，因此采用套期保值策略的投资机构将降低期末无法偿还收益担保的风险。另一方面，采取冒险的策略会增加无法在期末支付保证的回报的风险。

风险度量与金融资产选择的研究，自马科维茨创立投资组合理论以来，一直都是金融业关注的重点之一。自20世纪90年代以来，一种新的风险测量方法，即风险价值（VaR），为银行、证券经纪、投资基金和其他金融机构，以及市场监管机构和非金融公司提供了各种投资风险的测量和管理手段，成为了资产配置、绩效评估的重要工具。Jorion（1997）对VaR给出了一个相对权威的定义，即在正常市场条件和给定置信水平下，某一风险资产在持有期内的最大预期损失。国内外学者对VaR模型在风险管理和金融证券投资决策中的应用做了大量研究。例如，Campbell等（2001）研究了VaR模型框架下的最优组合投资。运用均值-VaR模型研究了在不稳定的金融市场中证券投资组合如何进行选择的问题。郑文通（1997）讨论了VaR方法的模型技术。刘静（2002）等采用VaR方法对中国的股价指数进行了实证分析。陈守东、俞世典（2002）用VaR模型分析了中国股票市场的风险。综上所述，国内外学者对金融资产组合的风险度量和分析大多都是基于宏观金融层面的，尤其是GARCH模型，主要是用于中国股市的风险预测，对家庭微观金融资产的风险研究较少。巴塞尔委员会建议将其作为一种新方式，在确定资产的监管要求的基础上，允许金融机构将其用作内部风险管理模型，并将其作为风险衡量的标准。但是，度量风险因素的方法，比如市场风险因素度量、信用风险度量等，一般不用于度量综合风险，因为这些风险所对应的资产形式多样，其中的资产相互联系、交叉、渗透，投资组合的综合风险叠加，产生放大效应。一些学者开始探索各种资产组合的风险和收益，研究如何测量集成风险。Sklar（1973）首先将一类函数命名为“Copula”，它可以将一次方的边缘分布函数连接在一起，形成了一个联合分布函数。Embrechts等（1999）率先将联结功能引入投资组合财务风险管理。吴振翔等（2006）使用Copula-GARCH模型分析投资组合风险。张明恒（2004）研究了多重金融资产风险价值的Copula计量模型和计算方法。

6.2　风险测算方法

在Sklar定理（后文详述）的基础上，计算金融资产组合风险的步骤如下：（1）首先计算资产组合中单个风险因子的分布;(2)其次找到风险因子之间的 Copula 函数;(3)再次,利用单风险因子分布和 Copula 函数测算出资产组合的综合风险因子分布;(4)最后使用 VaR 方法度量资产组合的集成风险。

6.2.1 Copula 函数

要衡量投资组合的综合风险,首先要计算组合内各个资产所面临的不同风险。这些风险是多种多样且互相关联的,共同作用于一个组合中,所以组合中的风险具有几重叠加的效应。因此,不同种类的风险叠加产生的影响和一种风险产生的影响是完全不同的。目前,引入了 Copulas Connect 函数,它可以应用于资产组合的综合风险度量。此函数具有两个优点:(1)它可以描述单一资产收益分配的非正态性,即"峰厚尾"的特征;(2)它可以描述不同资产收益率之间错综复杂的关系。这样,Copulas Connect 函数就可以具有非正态性,与多个风险因素相关联地"连接"上升,从而构建由多个风险因素共同驱动的投资组合收益分配,并通过 VaR 方法度量组合风险的集成度。Copulas Connect 函数最初是由 Sklar(1973)提出的,这种函数可以把边缘的一维分布函数放在一起,形成联合分布函数,以桥连接函数为主要工具来研究多维随机变量。Nelsen(1999)提出的"依赖关系"(dependency relationship)介绍了定义和构造方法。Embrechts 等(2002)首先将联结功能引入财务风险管理的投资组合中。Li(2000)首先用 Copula 方法来表示资产组合的联合违约概率,并以此来衡量资产组合的信用风险。Brigo(2010)讨论了联结函数在计算投资组合的市场风险、信用风险、操作风险中的应用,并且研究了其在一些极端案例中的应用。在国内的研究中,张尧庭(2002)首先介绍了 Copula 方法,指出 Copula 函数可以描述不同金融变量之间的依赖关系。韦艳华(2004)论述了 Copula 函数及其在多元金融时间序列分析中的应用。以上研究对 Copula 函数在集成风险测度中的应用进行了有益的理论探索。从 Copula 函数的实际应用来看,其关键是找到一个最优的拟合 Copula 函数来描述资产组合的联合分布。

对于找到最优拟合函数的方法,Genest 等(1995)讨论了如何通过秩相关系数确定阿基米德(Archimedean)Copula 函数中的参数。Robert(2001)建立了阿基米德联结函数的详细分析和比较框架,并对各种联结函数的标定进行了详细的讨论。但是,上述研究只考虑了同一物种的 Copula 函数的选择,没有考虑不同物种和不同类型 Copula 函数的拟合比较。此后的学者从实际应用出发,在 Robert 提出的拟合优度法的基础上，进一步研究了不同物种和不同类型的联结函数的最优拟合问题，并进行了实证检验。

Copula函数可看成一个多维分布函数 $C:[0,1]^n\rightarrow[0,1]$，其边缘分布 $F_1,\cdots,F_n$ 为区间(0, 1)上的均匀分布。Sklar(1956)提出了Sklar定理：令 F 为具有边缘分布 $F_1(\cdot),\cdots,F_N(\cdot)$ 的联合分布函数，那么，存在一个Copula函数 C，满足：

$$F(x_1,\cdots,x_n,\cdots,x_N)=C(F_1(x_1),\cdots,F_n(x_n),\cdots,F_N(x_N)) \tag{6.1}$$

其中 C 就是一个Copula函数，若 $F_1(\cdot),\cdots,F_N(\cdot)$ 连续，则 C 唯一确定；反之，若 $F_1(\cdot),\cdots,F_N(\cdot)$ 为一元分布，那么由式(6.1)定义的函数 F 是边缘分布 $F_1(\cdot),\cdots,F_N(\cdot)$ 的联合分布函数。

(1) 多元正态Copula函数。

Nelsen(1999)给出了多元正态Copula函数的定义，多元正态Copula分布函数的表达式为：

$$C(u_1,\cdots,u_n,\cdots,u_N;\rho)=\Phi_\rho(\Phi^{-1}(u_1),\cdots,\Phi^{-1}(u_n),\cdots,\Phi^{-1}(u_N)) \tag{6.2}$$

其中 ρ 为对角线上的元素为1的对称正定矩阵，$|\rho|$ 表示与矩阵 ρ 相对应的行列式的值，$\Phi_\rho(\cdot)$ 表示相关系数矩阵为 ρ 的标准多元正态分布，$\Phi^{-1}(\cdot)$ 表示标准正态分布函数的逆函数。多元正态Copula函数适合刻画具有对称相依性、不具有厚尾特征的多维风险因子。

(2) 多元 t-Copula函数。

Nelsen(1999)给出了多元 t-Copula函数的定义，多元 t-Copula分布函数的表达式为：

$$C(u_1,\cdots,u_n,\cdots,u_N;\rho,v)=T_{\rho,v}(t_v^{-1}(u_1),\cdots,t_v^{-1}(u_n),\cdots,t_v^{-1}(u_N)) \tag{6.3}$$

其中 ρ 为对角线上的元素为1的对称正定矩阵，$|\rho|$ 表示与矩阵 ρ 相对应的行列式的值，$T_{\rho,v}(\cdot)$ 表示相关系数矩阵为 ρ，自由度为 v 的标准多元 t 分布，$t_v^{-1}(\cdot)$ 为自由度为 v 的一元 t 分布的逆函数。多元 t-Copula函数适合刻画具有对称相依性、一定厚尾特征的多维风险因子。

(3) 阿基米德Copula函数。

这类函数包括Clayton-Copula函数、Gumbel-Copula函数和Frank-Copula函数，它们只能用于二维的变量的分析：

Clayton-Copula 函数:$C^{\alpha}_{\text{Clayton}} = \max[(u^{-\alpha} + v^{-\alpha} - 1)^{-1/\alpha}, 0]$,其中,$\alpha \in [-1, \infty]\backslash\{0\}$

Gumbel-Copula 函数:$C^{\alpha}_{\text{Gumbel}} = \exp[-[(-\ln u)^{\alpha} + (-\ln v)^{\alpha}]1/\alpha]$,其中,$\alpha \in [-\infty, \infty]$

Frank-Copula 函数:$C^{\alpha}_{\text{Frank}} = -\dfrac{1}{\alpha}\ln\left[1 + \dfrac{(e^{-\alpha u} - 1)(e^{-\alpha v} - 1)}{e^{-\alpha} - 1}\right]$,其中,$\alpha \in [1, \infty]$

阿基米德 Copula 函数中的 Clayton-Copula 函数和 Gumbel-Copul 函数适合刻画具有不对称相依性的多维风险因子,其中 Clayton-Copula 函数一般用来刻画较强下厚尾的特征,Gumbel-Copula 函数则常用来刻画较强上厚尾的特征。而 Frank-Copula 函数适合刻画具有对称相依性、在中心和上下尾部分布均匀的多维风险因子。

首先,估计单个资产风险因子边缘分布的方法有参数估计法和非参数估计法。由于参数估计法可以计算边缘分布函数的 VaR 值,这样可以用多维正态分布、多维 t 分布的传统方法与基于 Copula 函数的方法做比较,因此选择参数估计方法。备选函数为常用的两类 Copula 函数族,共五种 Copula 函数,估计不同函数族的参数需要采用不同的方法。椭圆 Copula 函数族中 Normal-Copula 和 t-Copula 都有参数ρ。通过比较判断不同族类、不同种类 Copula 函数与经验 Copula 函数之间的拟合优度,来判断最优拟合的 Copula 函数。对于拟合优度的判断方法,可以采用图像法和分析法。图像法主要是通过 QQ 图(分位数图)来观察通过不同 Copula 函数得出的分布值与经验 Copula 函数的距离。如果两者拟合度较高,则 QQ 图上两者都将重合于 45°直线上。如果多种 Copula 函数都具有较好的拟合度,以至于无法用肉眼观察到其中存在的细微差别,就需要采用分析法。分析法通过 Kolmogorov-Smirnov 检验(简称 K-S 检验)来计算估计的 Copula 函数与经验 Copula 函数之间的最大距离,由此计算出相应的 P 值,P 值越大拟合效果越好。

具体计算过程如下:

(1) 利用最优 Copula 函数,通过蒙特卡罗法模拟产生相依的二维随机样本;

(2) 通过将每个边际分布函数逆概率变换,得到对数收益率 X 和 Y;

(3) 把两者代入资产组合收益率公式,得到资产组合收益 R 的样本;

(4) 计算资产组合收益率样本的分位数,即一定置信度下的 VaR 值;

(5) 经过多次模拟,得到收敛的 VaR 值。

6.2.2　VaR 模型

在20世纪之前，市场风险对金融机构的影响并不大。但是，随着布雷顿森林体系的解体，利率、商品价格和汇率之间的波动越来越频繁，市场因素的变化对机构和公司的影响越来越大。出于防范风险的需要，金融衍生品应运而生并迅速发展。但许多衍生品的杠杆率都很高，这放大了交易员面临的风险，如果市场走向相反，投资者很容易遭受巨额损失。因此，交易者希望他们的市场风险可以用一个单一的量化指标来表达，这样他们就可以进行适当的风险管理。从金融监管部门的角度来看，他们也希望在从事衍生品交易时，能够轻松了解被监管对象的市场风险。VaR 的出现满足了上述需求。自20世纪以来，VaR 方法已在一些大型金融机构中得到应用。

我们以一个有两种金融资产的组合为例，两种金融资产的权重分别为 w_1 和 w_2，并满足 $w_1 + w_2 = 1$。使用 X 和 Y 分别代表资产1和资产2的对数收益率，P_{1t}，P_{2t} 为 t 期价格，定义对数收益率为 $X = \ln(P_{1t} + 1/P_{1t})$，$Y = \ln(P_{2t} + 1/P_{2t})$，则资产组合的收益率定为 $R = \ln(w_1 e^X + w_2 e^Y)$。对应的 VaR 值是：$Pr(R < VaR_R) = 1 - c$，其中 $Pr(\cdot)$ 为概率，c 为置信度，VaR_R 为 VaR 值，可为负。

VaR 是一种利用标准化的统计技术对风险进行全面衡量的方法。与其他传统的风险管理方法相比，VaR 具有较强的主观性和艺术性，能够将金融市场所面临的风险状况更加精准地反映出来。它的优点主要是将未来可能发生损失的概率和损失的金额相结合，使投资者和市场参与者对风险有一个更加全面的认识。通过调整置信度，可以得到不同置信度下的 VaR 值，这可以使管理者从不同的方面更加了解金融机构的风险状况，满足不同的管理目标。VaR 适用于综合衡量各种市场风险，包括利率风险、汇率风险、股票风险、商品价格风险和衍生金融工具风险。这使得金融机构可以使用特定的指标值，而 VaR 一般可以反映整个金融机构或投资组合的风险状况，这非常有利于金融机构的统一风险管理。此外，VaR 方法可以事先测量出总体风险，而不是像传统的方法那样在事后才可以得出风险的大小，并且可以测量不止一种金融资产投资的风险。

6.2.3　GARCH-M 模型

GARCH-M(GARCH in mean)模型是 GARCH 模型的一个重要应用，这一模型假定条件方差是随时间变化的风险度量，风险与收益密切相关。一个简单的投资心理是，风险越大，预期回报越大，反之亦然。回报率会随着风险的增加而增加，否则没有人会去投资。在此基础上，这一模型引入了时变方差的概念，并对 ARCH 模型进行了扩展，使得条件异方差能直接影响收益的均值，即 GARCH-M 模型。GARCH-M 模型是通过在 GARCH 模型中收益率表达式的右边增加一项 h_t 得到的，方程表示为：

$$y_t = \gamma X_t + \lambda h_t + \varepsilon_t \qquad \varepsilon_t | \Omega_t - 1 \sim N(0,\ h_t) \tag{6.4}$$

其中 h_t 代表期望风险的大小，服从 GARCH(p，q)模型。收益率模型增加 h_t 可以解释金融资产的回报率与风险程度之间的关系。将 GARCH-M 模型估计得到的条件方差 h_t 代入 VaR 的计算公式，可以在一般的方差协方差模型的基础上变形得到：$\mathrm{VaR}_t = p_{t-1} Z_\alpha h_t$，其中 p_{t-1} 为($t-1$)时刻的资产价格，Z_α 为置信度为α对应的分布函数的临界值。虽然正态分布不能充分描述它的特征峰和厚尾的数据，但它有对称性、不相关性和统计独立性，而 t 分布和 GED 分布可以更好地描述峰值和厚尾现象，所以这三种分布是金融资产风险测量的主要选择。

6.2.4 CVaR 风险度量方法

CVaR 表示平均超额损失，即平均短缺或尾部 VaR，可被理解为在一定置信水平下，超过一定的潜在价值的损失，更为精确地讲就是指损失超过 VaR 的条件均值，反映了超额损失的平均水平。与 VaR 相比，CVaR 更能体现投资组合的潜在风险。CVaR 可以用数学表达式表述如下：

$$\mathrm{CVaR}_k = \mathrm{VaR}_k + \mathrm{E}[f(x,y) - \mathrm{VaR}_k | f(x,y) > \mathrm{VaR}_k] = \mathrm{E}[f(x,y) | f(x,y) > \mathrm{VaR}_k] \tag{6.5}$$

其中，$X = (x_1,\ x_2,\ \cdots,\ x_n)^{\mathrm{T}}$ 为各种资产的投资权重向量，$Y = (y_1,\ y_2,\ \cdots,\ y_n)^{\mathrm{T}}$ 为引起组合价值发生损失的市场因子，比如资产价格。

第7章　中国居民家庭金融资产结构风险的测量

各类金融产品在居民家庭金融资产中的配置情况被称为居民家庭金融资产组合。在不同时期，居民的家庭金融资产组合中的资产类型持有比例是不同的，家庭金融资产的组合风险，也就是所谓的结构性风险，也存在差异，因此，有必要对家庭金融资产组合的结构性风险进行测算，分析不同时期居民家庭金融资产的风险状况，掌握其规律性，为规避结构性风险提供可靠的依据。

7.1　基于 GARCH 模型的 VaR 测算

基于以往的 VaR 研究，为了克服金融时间序列数据的尖峰厚尾性和异方差性，通常引入 ARCH 模型进行估计，并进而测算 VaR。自从 Engle(1982)提出 ARCH 模型以来，国内外研究人员对此类模型进行了许多扩展，Bollerslev(1986)在 ARCH 模型基础上提出了 GARCH 模型，这一模型可以对异方差（波动性）进行估计。自 GARCH 模型提出以来，在度量条件波动率方面得到了广泛的应用，一些学者进一步对 GARCH 模型进行了扩展，如 Giot 和 Laurent(2004)、Curto(2009)、Ozun 和 Cifter(2007)等。中国学者龚锐等(2005)、魏宇(2007)也分别使用 GARCH 模型的一些扩展形式，来分析或者比较研究 GARCH 模型的拟合优度及其应用。由于 GARCH 模型的这些特点，此类模型还被引入金融风险管理领域，用于 VaR 的度量。Laurent 和 Lambert(2002)、Ricardo(2006)采用 GARCH 模型对 VaR 进行了预测。徐炜、黄炎龙(2008)比较了GARCH族的11种模型分别在正态分布和偏态t分布下度量VaR值的精确程度。

7.1.1 VaR计算与GARCH-M模型介绍

1. VaR计算的基本原理

Jorion(1997)给出VaR的定义可以用公式表示为:

$$prob=\{\Delta P(\Delta t,\ \Delta x)\leqslant -\mathrm{VaR}\}=1-\alpha \tag{7.1}$$

其中:Δx为风险因素的变化(如利率、汇率和价格等);α为置信水平;Δt为持有期;ΔP为损益函数,其中$P(t_0,\ x_0)$为资产的期初价值,$P(t,x)$为t时刻的预测值。

假设一个投资组合的初始价值为W_0,在Δt这一期间内,其收益率为R,期末价值为$W=W_0(1+R)$,其中R的期望值为μ,标准差为σ。

在给定的置信水平α下,投资组合的最小价值为$W_\alpha=W_0(1+R_\alpha)$,有:

$$\mathrm{VaR}=\mathrm{E}(W)-W_\alpha=W_0(\mu-R_\alpha) \tag{7.2}$$

如果收益率的分布已知,那么VaR的计算是相当容易。比如当收益率$R_t\sim N(\mu,\ \sigma^2\Delta t)$时,可以通过计算标准正态分布的上分位点$Z_\alpha$,并根据$-Z_\alpha=\dfrac{R_\alpha-\mu}{\sigma\sqrt{\Delta t}}$求出相应于置信水平$\alpha$的$R_\alpha$,也即$R_\alpha=-Z_\alpha\sigma\sqrt{\Delta t}+\mu\Delta t$,从而可以得到$\mathrm{VaR}=W_0(\mathrm{E}[R]-R_\alpha)=W_0Z_\alpha\sigma\sqrt{\Delta t}$。

2. VaR估计的条件异方差方法和GARCH-M模型概述

金融时间序列数据具有尖峰厚尾、波动聚集性和杠杆效应的特征,而传统的回归模型在古典假设中要求随机扰动项具有同方差性。因此,传统的计量模型很难描述金融时间序列波的规律。恩格尔(Engle)于1982年在对英国通货膨胀问题的研究中首次提出了ARCH模型。该模型的基本思想是假定在以前的信息集下,某一时刻一个噪声的发生服从均值为0的分布,其方差是一个随时间变化的量(即为条件异方差)。并且这个随时间变化的方差是过去有限项噪声值平方的线性组合(即为自回归),表示为:

$$y_t = \gamma X_t + \varepsilon_t \quad \varepsilon_t | \Omega : N(0,\ h_t)$$
$$h_t = \alpha_0 + \sum_{i=1}^{p} \alpha_i \varepsilon_{t-i}^2 \tag{7.3}$$

虽然ARCH模型对金融时间序列波动聚集性进行了很好的描述，但是ARCH模型也有一些缺点：其一是约束性较强，要求系数非负；其二是需要设定较大的参数 p，这不仅会增加对模型进行估计的难度，也会产生多重共线性等问题。Bollerslev（1986）和Taylor（1986）对ARCH模型进行了重要的扩展，提出了广义ARCH模型（GARCH）。该模型不仅能揭示金融时间序列的条件异方差特征，而且能将收益率的条件方差表示为前期随机误差平方项和滞后条件方差项的线性组合，因此，可以描述出金融时间序列的波动聚集性。GARCH（p，q）方程表示如下：

$$y_t = \gamma X_t + \varepsilon_t \quad \varepsilon_t | \Omega_{t-1} \sim N(0,\ h_t)$$
$$h_t = \alpha_0 + \sum_{i=1}^{p} \alpha_i \varepsilon_{t-i}^2 + \sum_{j=1}^{q} \beta_j h_{t-j} \tag{7.4}$$

GARCH-M模型是在GARCH模型的基础上，考虑到条件方差作为度量随时间改变或“时变”（time-varying）的风险的方法这一重要用途，将风险与收益紧密联系在一起而产生的。这可以说是GARCH模型的一个与实际相结合的例子。一种简单的投资心理是：风险越大，期望得到的收益也越大，反之亦然。风险报酬指的是随风险增大而增大的收益率，否则将不会有人去冒险。在此基础上，人们提出了时变方差的概念，并将ARCH模型进行拓展，使条件异方差能够直接影响收益均值，所得的模型即为GARCH-M模型。

GARCH-M模型在GARCH模型中的收益率表达式的右边增加了一项 h_t，方程表示为：

$$y_t = \gamma X_t + \lambda h_t + \varepsilon_t \quad \varepsilon_t | \Omega_{t-1} \sim N(0,\ h_t)$$
$$h_t = \alpha_0 + \sum_{i=1}^{p} \alpha_i \varepsilon_{t-i}^2 + \sum_{j=1}^{q} \beta_j h_{t-j} \tag{7.5}$$

其中，条件方差 h_t 代表了期望风险的大小，服从GARCH（p，q）模型。收益率模型在增加 h_t 后，可以解释金融资产的回报率与风险程度之间的关系。

将GARCH-M模型估计得到的条件方差 h_t 代入VaR的计算公式，可以在一般的方差协方差模型的基础上变形得到：$VaR_t = p_{t-1} Z_\alpha \sqrt{h_t}$，其中 p_{t-1} 为（$t-1$）

时刻的资产价格，Z_α为置信度α对应的分布函数的临界值。

7.1.2 居民家庭金融资产结构风险度量及分析

1. 居民家庭金融资产组合收益的测算

分析选取了中国居民家庭金融资产的总量及结构比例数据，其中，股票属于高风险金融资产，储蓄存款和国债属于无风险金融资产。

由于现金不产生收益，保险准备金所占比重较小，所以本研究选取居民个人的储蓄存款、债券和股票三种金融资产的持有量，根据一年期整存整取利息、债券加权利率以及上证指数收益率，并考虑了通货膨胀的影响，近似测算了各种资产的对数收益率①(如表7.1所示)。

表7.1 居民家庭各类型金融资产及资产组合的对数收益率

年份	储蓄存款对数收益率	国债对数收益率	股票对数收益率	金融资产组合对数收益率
1990	0.039 0	0.103 5	0.260 5	0.121 6
1991	0.050 7	0.063 9	0.815 4	0.284 4
1992	0.011 5	0.030 5	0.952 7	0.332 0
1993	−0.054 2	−0.007 4	−0.087 4	0.088 5
1994	−0.161 2	−0.106 9	−0.630 4	0.032 6
1995	−0.082 2	−0.031 5	−0.357 1	0.051 3
1996	0.009 1	0.046 5	0.459 6	0.191 3
1997	0.042 3	0.062 5	0.245 6	0.113 7
1998	0.056 7	0.072 0	−0.037 9	0.032 3
1999	0.042 3	0.048 6	0.188 6	0.060 9
2000	0.018 3	0.024 5	0.412 7	0.114 8
2001	0.015 4	0.022 3	−0.241 6	−0.023 1
2002	0.027 8	0.031 1	−0.181 4	−0.018 4
2003	0.007 8	0.011 1	0.094 4	0.037 7
2004	−0.018 9	−0.012 4	−0.211 3	−0.013 5
2005	0.004 5	0.016 3	−0.102 1	0.003 4
2006	0.008 5	0.017 9	0.825 8	0.246 5
2007	−0.016 1	−0.003 5	0.631 6	0.192 7

① 资产组合收益率的计算如下：X为储蓄存款的对数收益率，Y为债券的对数收益率，Z为股票的对数收益率，P_t为t期价格，定义对数收益率为$X=\ln(P_{t+1}^X/P_t^X)$，$Y=\ln(P_{t+1}^Y/P_t^Y)$，$Z=\ln(P_{t+1}^Z/P_t^Z)$，则资产组合的收益率定义为$R=\ln(w_1e^X+w_2e^Y+w_3e^Z)$。其中，$w_i$表示各类资产的比重，满足$w_1+w_2+w_3=1$。

续表

年份	储蓄存款 对数收益率	国债 对数收益率	股票 对数收益率	金融资产组合 对数收益率
2008	−0.020 0	−0.000 5	−1.236 5	−0.101 8
2009	0.029 1	0.041 8	−0.020 1	0.013 8
2010	−0.010 1	−0.000 4	0.034 7	0.032 5
2011	0.037 8	0.012 1	0.152 3	0.166 4
2012	0.025 6	0.021 5	0.111 4	0.214 5
2013	−0.034 9	−0.008 1	−0.002 1	0.004 5
2014	−0.002 3	−0.195 6	−0.294 1	−0.137 9
2015	0.034 6	0.471 9	0.777 3	−0.002 3
2016	0.002 4	−0.099 3	0.211 9	0.074 1
2017	−0.002 2	−0.312 3	−0.006 4	−0.060 3
2018	0.027 7	0.130 7	0.100 9	−0.010 5

注：数据经过对数处理。金融资产组合对数收益率中各资产的比重通过表 2.1 得到。

本章对居民家庭金融资产组合收益率的异方差性进行检验发现，收益波动存在明显的差异，即出现了金融资产收益波动集聚的现象。金融资产收益波动在统计上的体现就是收益的方差，不同时段波动率的大小不同，换言之，即时间序列存在“异方差”。

2. 基于 GARCH-M 模型的风险度量和分析

由于 GARCH(1,1)能描述大多数金融收益时间序列，因而，这里所用的 GARCH(p,q)模型的阶数都取 1。方程式表示为：

$$y_t = \gamma X_t + \lambda\sigma_t + \varepsilon_t \quad \varepsilon_t | \Omega_{t-1} \sim N(0, h_t) \tag{7.6}$$
$$\sigma_t^2 = \alpha_0 + \alpha_1\varepsilon_{t-1}^2 + \beta\sigma_{t-1}^2$$

其中：h_t 为是方差，表示波动率；λ 表示风险系数；X_t 为影响居民家庭金融资产组合收益率的外生变量，X_t =（GDP 增长率，CPI，利率）。

虽然正态分布不能充分地描述数据的尖峰厚尾特性，但是它具有对称性、不相关和统计独立性，而 t 分布和 GED 分布能更好地描述尖峰和厚尾现象。因此，这三种分布是金融资产风险度量的主要选择。从回归结果来看，选取 GED 分布较为合适。且利率对居民家庭金融资产收益率的影响显著，当利率提高时，居民家庭金融资产收益率的均值下降；当 CPI 提高时，居民家庭金融资产收益率的均值也随之提高。不过CPI对家庭金融资产收益率影响的显著性程度小于利率。GDP增长率对居民家庭金融资产收益率也有正向的影响,但是此影响并不显著。此外,在收益率方程中风险因素的影响并不显著,但是在方差方程中,前一期的方差对当期的方差有显著的影响,说明家庭金融资产的风险所受的冲击是持久的,并且风险具有集聚性(如表7.2所示)。

表7.2 GARCH-M模型的估计结果

		正态分布	t 分布	GED分布
均值方程	C	0.508 5*	0.629 5	0.566 1
	GDP增长率	0.007 4	0.005 1	0.008 4
	CPI	0.001 6	0.003 1	0.000 9*
	利率	−0.043 5	−0.036 2	−0.041 6***
	σ	−2.421 7	−3.916 0	−3.057 3
方差方程	C	0.012 5	0.010 1	0.017 4
	ε_{t-1}^2	0.155 5	0.101 6	0.157 7
	σ_{t-1}^2	0.531 2	0.330 8	0.704 4**
拟合优度	R^2	0.475 8	0.444 0	0.504 1
	对数似然值	23.15	23.04	23.73
	AIC	−1.515 4	−1.404 2	−1.473 4
	SC	−1.117 1	−0.956 1	−1.025 3

注:* 为10%的显著性水平下 t 检验显著;** 为5%的显著性水平下 t 检验显著;*** 为1%的显著性水平下 t 检验显著。

7.1.3 VaR的计算

接下来,将GED分布下通过GARCH-M模型估计得到的条件方差代入VaR的计算公式 $VaR_t = R_{t-1} Z_\alpha \sqrt{h_t}$,得到VaR值。其中,$R_{t-1}$ 为上一期的资产组合收益率,取置信度 $\alpha = 0.95$,计算得到GED分布的分位数 $Z_{0.95} = 1.348\ 7$,h_t 为GARCH-M模型估计的方差方程的趋势值。对得到的VaR值,以及GDP增长率、CPI、利率①进行标准化处理,然后作图以观察它们的变动(如图7.1所示)。可以看出,居民家庭金融资产的结构风险VaR和宏观经济指标在1998—2018年经历了两

① 宏观经济周期波动指标数据及变化见表2.2和图2.2。

次周期波动，而且基本上周期是吻合的，其中第一个周期从1998年到2008年，第二个周期从2008年持续至2018年。居民家庭金融资产的风险值VaR于2002年和2010年达到了周期的峰顶，2015年再一次达到高峰，2016年开始下行至今。GDP增长率基本与VaR值同期变动，两者能够同时到达周期的峰顶和谷底；CPI会比VaR提前进入上升期，但在进入下行期时滞后；利率无论是在上升期还是下行期，总是滞后于VaR的变动。

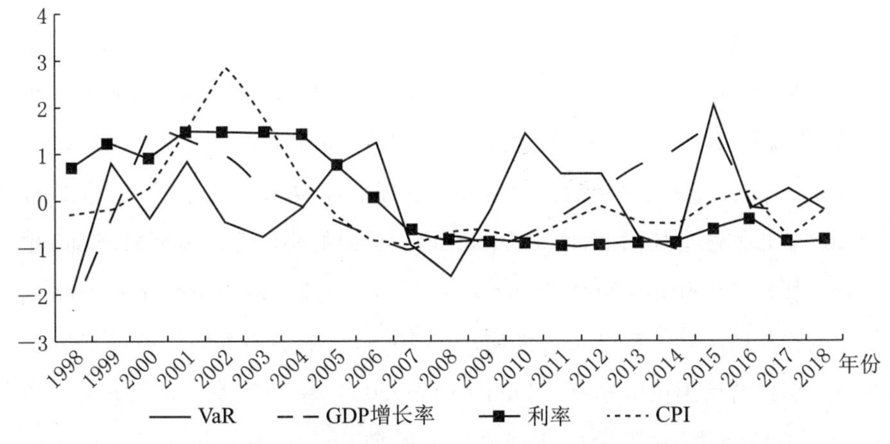

图7.1　宏观经济指标与居民家庭金融资产风险VaR值的变动情况

宏观经济指标波动会影响到家庭金融资产的收益，其中利率对居民家庭金融资产收益的影响是反向的，CPI对收益的影响是正向的，GDP增长率对收益的影响虽说也是正向的，但是并不显著。

居民家庭金融资产的结构风险受上一期风险波动的影响，家庭投资受到的外部冲击是持久的，并且家庭金融风险具有集聚性。金融风险在家庭内部集聚，随着宏观经济周期的波动，会累积成社会风险。

居民家庭金融风险与外部宏观经济变量具有相同的波动周期。由于信息的不对称和预期的不稳定，家庭金融资产的选择对于经济周期变动存在一定的时滞性。居民家庭金融风险与GDP增长率同时变动，在经济周期上行期会滞后于CPI，而在经济周期下行期会提前于CPI。利率无论在上升期还是下行期，都会滞后于居民家庭金融风险的变化。

7.2 居民家庭金融资产组合集成风险的测量与波动分析

虽然 VaR 方法已被巴塞尔委员会推荐为一种允许金融机构使用,可以作为内部风险管理模型来决定资产监管要求的新方法,并且委员会还明确建议将其作为风险度量的标准。但是,度量单种风险因子的度量法,例如市场风险因子度量法、信用风险度量法等,一般都不适用于集成风险的度量。因为单个资产所面临的风险形态多样,且相互关联、交叉、渗透,并共同作用于资产组合,这对资产组合所面临的集成风险具有叠加、放大的效应,因此,一些学者开始探讨如何将各种不同风险、收益的资产组合起来,度量其集成风险。Embrechts 等(1999, 2002)率先把 Copula 函数引入到资产组合的金融风险管理中,认为在金融市场中采取线性相关指标度量相依性有局限,而使用 Copula 函数导出的相依性指标更加符合金融市场的数据特征。Roberto(2001)对 Copula 函数,尤其是 Archimedean Copula 函数做了比较详尽的阐述。Feldstein 和 Martin(2005)系统描述了如何通过 Copula 函数构建投资组合信用风险模型。Cameron 等(2004)基于 Copula 理论研究了资产组合的相关性结构,并采用极值理论度量了资产组合的市场风险。Can 和 Li(2007)比较研究了在综合风险度量时不同的 Copula 函数的优劣,选用三种不同的 Copula 函数对股票、债券和实物资产的相关结构进行了描述,并度量了总风险。国内学者也应用 Copula 模型进行了相应的研究。张尧庭(2002)从理论上探讨了构建 Copula 函数的可行性,指出采用 Copula 函数分析变量间的相关结构更为可靠。韦艳华等(2004)用 Copula-GARCH 模型对金融风险波动性进行了描述。徐志春(2008)讨论了利用 Copula 函数测算信用风险的可靠性,实证结果表明传统的 VaR 方法低估了信用风险,而基于 t 分布的 Copula 方法能抓住组合收益分布的厚尾特征,因而更接近现实,可靠性更强。白保中等(2009)针对中国金融数据少、有效数据时间段短的特点,基于 Copula 函数度量组合信用风险原理,通过建立资产组合中每个资产的收益率门槛值,来模拟资产收益率情景,并结合 Copula 函数影射出信用评级情景,得到各个假设状态下 Copula 函数度量的资产组合信用风险。

综上所述,国内外有关金融风险的研究方法,从单个金融资产到金融资产组合风险的测算,都已经比较成熟。但是这些方法大多只是用于宏观的金融风险的测量,尤其是股市风险的测量,对于家庭金融资产结构风险的测量尚缺乏相关的研究。本研究试图通过构建Copula函数,将家庭金融资产中的风险资产和无风险资产结合起来,形成联合分布函数,并通过计算VaR来度量居民家庭金融资产在不同时期的结构风险。将Copula函数运用于资产组合的集成风险度量有两个优势:(1)可以刻画单个资产收益率分布的非正态性质,即“尖峰厚尾”特征;(2)可以描述不同资产收益率之间复杂的相互关系。这样,Copula函数能够把具有非正态性质、相互关联的多个风险因子“连接”起来,构建由多个风险因子驱动的资产组合收益率的联合分布,并利用VaR方法度量资产组合的集成风险。

7.3　中国居民家庭金融资产组合的集成风险测算

1. 数据的选取和说明

由于居民家庭金融资产组合中现金并不能产生收益,且保险准备金持有比例比较低,所以本书只测算家庭金融资产中储蓄存款、债券和股票。将居民持有的储蓄存款和债券合并为家庭无风险金融资产,股票代表家庭的风险资产。以1990年到2018年中国居民家庭的无风险资产和风险资产的相关数据作为原始数据,按照测算金融资产组合风险的步骤,首先计算家庭无风险资产和风险资产的对数收益率;然后,通过构建Copula函数计算家庭金融资产组合的联合分布函数;最后,计算家庭金融资产组合的VaR值。

2. 构建Copula函数计算家庭金融资产组合的VaR值

计算居民家庭无风险金融资产和风险资产的对数收益率,并对其对数收益率数列进行正态Jarque-Bera检验,发现它们都服从正态分布,其中无风险金融资产的对数收益率是右偏的,而风险资产的对数收益率是左偏的(如表7.3所示)。

表7.3　对家庭金融资产的描述性统计

	平均	标准差	偏度	峰度	Jarque-Bera检验
无风险资产对数收益率	0.049 5	0.030 1	0.456 6	1.463 8	2.794 7(0.247 3*)
风险资产对数收益率	0.142 5	0.463 7	−0.249 6	3.572 9	0.505 4(0.776 7*)

注:* 为Jarque-Bera检验相应的伴随概率。

为了便于分析,我们选择多元正态 Copula 函数构建联合分布函数。然后根据 VaR 计算公式,VaR 的上下限区间为:$VaR = R \pm \sigma Z_{\alpha}$,其中 R 在这里为正态 Copula 分布函数值,σ为正态 Copula 函数的标准差,如果取置信度$\alpha = 0.05$,查表得正态分布的分位数 $Z_{0.05} = 1.65$。得到正态 Copula 函数和 VaR 值如表 7.4 和图 7.2 所示。

表 7.4 家庭金融资产中单个资产和资产组合的分布函数与 VaR 值

年份	风险收益对数经验分布函数	无风险收益对数经验分布函数	正态 Copula 分布函数	VaR 下限	VaR 上限
1990	0.477 1	0.026 5	0.134 3	−0.199 8	0.468 4
1991	0.576 1	0.666 3	0.648 9	0.314 8	0.983 0
1992	0.900 0	0.392 3	0.516 5	0.182 4	0.850 7
1993	0.656 4	0.692 4	0.685 3	0.351 2	1.019 4
1994	0.000 1	0.362 1	0.299 4	−0.034 7	0.633 5
1995	0.048 1	0.292 3	0.248 0	−0.086 1	0.582 1
1996	0.203 8	0.448 5	0.404 1	0.070 0	0.738 2
1997	0.098 3	0.662 9	0.572 7	0.238 6	0.906 8
1998	0.561 0	0.770 5	0.732 0	0.397 9	1.066 1
1999	0.560 4	0.235 5	0.309 5	−0.024 6	0.643 6
2000	0.244 1	0.079 0	0.114 3	−0.219 8	0.448 4
2001	0.878 9	0.401 1	0.516 7	0.182 5	0.850 8
2002	0.215 3	0.815 7	0.721 1	0.387 0	1.055 2
2003	0.364 8	0.614 4	0.569 2	0.235 1	0.903 3
2004	0.252 3	0.616 5	0.553 5	0.219 4	0.887 6
2005	0.185 0	0.286 3	0.266 8	−0.067 3	0.601 0
2006	0.521 8	0.226 5	0.292 9	−0.041 2	0.627 1
2007	0.081 6	0.968 6	0.843 5	0.509 4	1.177 6
2008	0.377 4	0.441 2	0.428 8	0.094 6	0.762 9
2009	0.796 8	0.533 4	0.591 9	0.257 8	0.926 0
2010	0.792 1	0.437 8	0.519 4	0.185 3	0.853 5
2011	0.495 6	0.768 5	0.756 9	0.397 7	1.066 0
2012	0.500 4	0.225 6	0.318 5	−0.022 5	0.650 6
2013	0.298 5	0.100 3	0.115 0	−0.319 8	0.450 4
2014	0.868 1	0.400 9	0.521 7	0.190 1	0.849 8
2015	0.204 9	0.818 1	0.731 0	0.377 0	1.050 2
2016	0.381 0	0.613 9	0.570 1	0.229 1	0.890 1
2017	0.260 1	0.596 5	0.601 5	0.218 9	0.891 3
2018	0.305 7	0.656 2	0.671 1	0.302 1	0.903 1

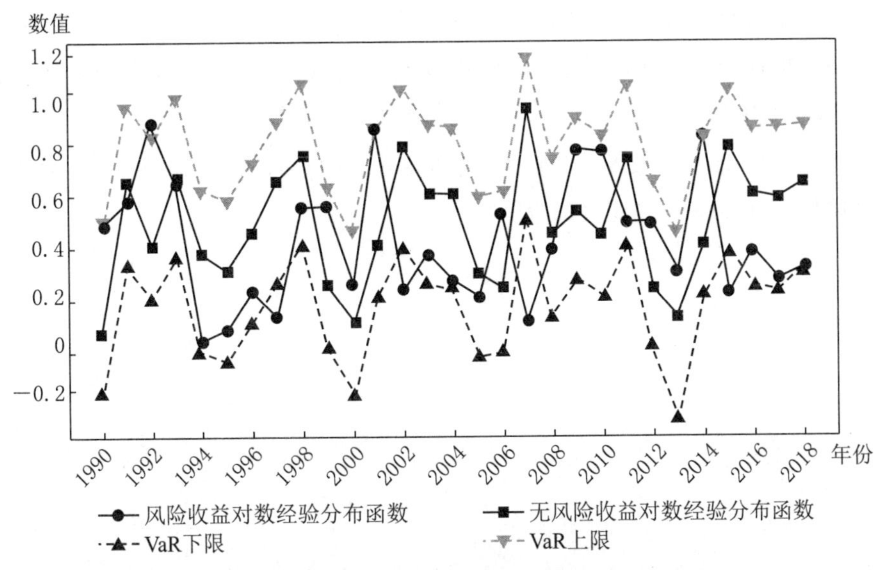

图 7.2　居民家庭金融资产中单个资产收益及 VaR 值变动

3. 家庭金融资产风险分析

自 1998 年以来，中国居民家庭金融资产风险的特点集中于以下两点：

一是居民家庭金融资产 VaR 值在各年间呈现波状变动。其中 1991—1993 年、1998 年、2002 年、2007 年、2012 年和 2016 年均达到高点，尤其 2016 年的 VaR 值最大。我们知道，1997 年爆发了东南亚金融危机，而 2008 年爆发了全球金融危机并最终导致了持续几年的经济危机。家庭金融资产组合风险在 1997 年东南亚金融危机后才达到高点，而在 2008 年全球金融危机之前就达到了最高点。这是因为 1997 年的东南亚金融危机只是区域性的危机，而 2008 年之前全球经济与金融风险就已经大量积聚。2016 年出现的高点是因为，在经过国内 2015 年股市的极端波动，以及三次“熔断”之后，反映在微观的居民家庭金融资产投资上的风险已累积到了高点。

二是居民家庭金融资产组合的 VaR 与无风险金融资产的波动幅度、波动时间是一致的。主要是因为无风险金融资产在居民家庭金融资产中占有比较大的比重。居民家庭金融资产中风险资产的波动与资产组合的 VaR 的波动幅度、波动时间完全不一致。而且，风险资产的收益波动与资产组合的风险值呈反向关系。其中，1997 年、2002 年、2007 年和 2016 年的风险资产收益均低于 VaR 的下限值，也就是说明居民在这些年份中的总投资是亏损的。有意思的是，在 1997 年风险资产的收益达到低点,随后在 1998 年家庭金融资产组合 VaR 达到了高点;2002 年、2007 年和 2016 年的风险资产收益达到低点,同年家庭金融资产组合 VaR 达到了高点。

综上分析,2014 年之后,随着中国经济增速放缓,居民家庭金融资产组合结构性风险值 VaR 也进入了走高的阶段。

第8章　家庭金融资产配置的国际经验

在全球范围内，各国对于居民家庭金融资产的资产负债表有不同的标准。总体而言，资产类型一般划分为金融资产和非金融资产，金融资产主要包括通货和存款、债券、股票、基金、保险等，非金融资产包括住房、土地、知识产权等。通过对2020年全球主要经济体家庭资产分布状况的统计和分析，大致可以按照资产结构将其分为四类：第一类是以固定资产为主的国家，代表国家为德国、法国、墨西哥；第二类是以非金融类资产为主的国家，代表国家为美国、瑞典；第三类是金融资产和非金融资产占比相似的国家，代表国家为中国、加拿大、英国；第四类是以持有通货及存款为主的国家，日本、韩国为代表国家。

本章选取美国、日本、韩国作为三个具有代表性的国家，深入分析其居民金融资产配置的历史发展和现状，探究其背后的潜在逻辑和主要成因，以期为中国经济转型和资产配置引导工作提供建议。在案例选择方面，美国是全球最主要的经济体，拥有发达健全的资本市场，本章对美国的分析主要建立在资本市场的角度；日本是亚洲经济强国，但是在20世纪90年代经历了房地产泡沫，经济大幅下滑，形成“失去的三十年”，对日本的分析主要集中于房地产和低利率环境的角度；韩国作为新兴发达经济体，其发展史被誉为“汉江奇迹”，其多项改革政策具有深远意义，本章对韩国的分析主要集中于信托账户改革。

8.1 美国家庭金融资产的发展和选择

8.1.1 美国经济发展阶段和各发展时期家庭金融资产配置

美国是当今世界的经济、科技强国,金融发展水平更是持续位居全球前列,具有丰富的研究价值。要了解美国居民家庭金融资产配置状况,就要先分析美国金融发展的五个历史阶段:(1)1900—1945 年,这一时期美国居民可配置的金融资产类型较少,金融工具相对匮乏;(2)1946—1964 年,第二次世界大战后这一历史时期美国实行分业经营的模式,美联储(The Fecleral Reserve)对银行业的监管力度显著提升,家庭金融资产主要集中于美国国债,但受监管约束,体量相当少;(3)1965—1980 年,这一时期美国宏观经济面临滞胀,同时货币市场基金诞生并快速扩张,养老金政策陆续出台并形成了三支柱体系,居民家庭收入进一步提升,家庭金融资产有了一定量的增加;(4)1981—2000 年,美国开始利率市场化改革,对利率逐步放松限制,居民投资开始大量涉足金融资产;(5)2001—2021 年,这二十年来美国经历了从相对宽松的货币环境和混业经营的逐步放开,到金融风险酝酿形成次贷危机后监管开始收紧的过程,但是居民家庭金融资产配置经历了由量变到质变的变化。

美国居民家庭金融资产配置情况与美国经济宏观发展息息相关。总体来看,美国家庭部门的财富总量近年来呈现出稳定增长的趋势,2021 年家庭总资产与 GDP 的比率超过了 700%。随着 GDP 的不断增长,美国家庭部门在负债的背景下积累了大量财富。回顾过去一百年美国家庭财富的发展历史,尽管经历了几轮不同程度的全球经济周期波动,但总体上,美国家庭部门总资产与 GDP 的比率仍然呈现出在一定波动中稳步上升的趋势,特别是自 20 世纪 70 年代以来,资产占比的提升速度显著加快。到 2021 年底,美国家庭部门的总资产规模达到了 168 万亿美元,与同期美国 GDP 的比率达到 722%,创历史新高。

8.1.2 1900—2021 年家庭资产配置结构变迁

从历史变迁来看,美国居民家庭的资产配置显示了从非金融资产,尤其是房地产,向金融资产转移的趋势。根据美联储的数据,在 1900 年,美国居民家庭在房地产(包括土地和建筑物)上的投资的占比接近 40%,但这一比例随着时间的推移而波动下降，到2021年，这一比例降至25%。与此同时，美国居民家庭对金融资产的投资比例则呈现出相反的趋势，从1900年的约52%增加到2021年的70%。这一变化反映了美国居民家庭在资产配置上的战略调整，从传统的房地产投资转向了金融市场投资，以追求更高的流动性和潜在的投资回报。

美国居民家庭在金融资产投资方面展现出了更为均衡的分配，其中股票和共同基金的投资加起来几乎占据了美国家庭投资组合的一半。这种平衡的配置是多种因素共同作用的结果，包括监管政策的持续变化、财富管理公司的成长、金融产品的创新，以及资产价格的周期性波动。这些都使得美国家庭可以投资的金融产品种类变得更多样化，并且在金融资产上的投资比例也变得更加均衡。在20世纪初，美国家庭的金融资产主要是股票（占比33%）、现金和存款（15%），以及债券（14%）。然而，到了2021年，养老金（27%）、股票（27%）、现金和存款（13%）、共同基金（不包括货币市场基金，11%），以及货币市场基金（2%），成为美国家庭主要的金融资产配置。如果考虑到养老金实际上包括了多种投资资产，并且将通过确定缴费型计划（defined contribution pension plan，简称DC计划）或确定给付型计划（defined benefit pension plan，简称DB计划）持有的养老金资产进一步分解到具体的资产类别，我们会发现2021年实际构成美国家庭金融资产的主要是股票（34%）、共同基金（包括货币市场基金，19%）、现金和存款（13%），以及非公司型企业权益（13%）。总的来说，股票和共同基金（包括货币市场基金）的总比例达到了53%。

根据美联储的数据，从1900年至2021年美国居民家庭金融资产配置的世纪演变过程中，可以看出居民投资行为随着时代的推移而发生了显著变化。经济形势的宏观背景、金融领域的监管方针、资产价值的波动性，以及金融市场的危机等众多因素，都在不同程度上塑造了美国家庭在资产配置上的选择和倾向。从长期趋势来看，美国居民可以投资的金融资产类型日益增多，与此同时，他们在股票、共同基金和养老金等资本市场工具上的投资比例也呈现出增长的态势。我们将在下文中分时期详细分析这一变化和成因。

8.1.3　1900—1945年：有限的选择

根据美联储的数据，在1900年至1945年间，美国居民的金融资产配置选择相对有限。根据R. W. 戈德史密斯（R. W. Goldsmith）等人在1963年的研究，这一时期的主要金融资产配置包括股票、债券、现金及存款、寿险准备金等。1935年,《社会保障法》的实施标志着以“老年、遗属及残疾保险”(old age, survivor and disability insurance, OASDI)为主的养老金第一支柱的建立,同时,以确定给付型计划为代表的第二支柱也开始形成,使得养老金成为居民金融资产配置的一部分。但是,该阶段居民的养老金主要来自政府的确定给付型计划,私营部门的确定给付型计划规模较小,而确定缴费型计划和个人退休账户(individual retirement account, IRA)制度尚未建立。

股票在这一时期是美国居民配置的主要金融资产,但其规模和比例受到股价波动的显著影响。特别是在1929—1933年“大萧条”之后,居民的股票资产配置比例显著下降,而债券、存款等的占比则有所提升。例如,根据圣路易斯联邦储备银行(Federal Bank of St. Louis)的数据,1929年至1933年,道琼斯工业平均指数累计下跌约72%,股票资产规模也从1929年的1 383亿美元快速下降至1933年的571亿美元,股票资产在居民金融资产中的配置比例也由48%快速下降至29%。在后续的股市周期中,美国居民持有的股票资产规模继续显示出与股市行情高度相关的特点。

随着时间的推移,美国居民的金融资产配置行为和偏好受到了宏观经济环境、金融监管政策、资产价格波动和金融危机等多种因素的影响。从长期趋势来看,居民可投资的金融资产类别不断丰富,对股票、共同基金和养老金等资本市场产品的配置比例呈现出波动上升的趋势。这表明,美国居民的资产配置结构在适应不断变化的经济和金融环境的过程中逐渐演变。

8.1.4 1946—1964年:标准化金融产品快速发展

20世纪30年代,美国在“大萧条”之后采纳了一项分离银行业务的金融监管政策,并强化了对金融企业监管的严格程度。1933年实施的《格拉斯-斯蒂格尔法案》(Glass-Steagall Act,也被称为《1933年银行法》)将商业银行业务与投资银行业务进行了明确区分,并促成了联邦存款保险公司(Federal Deposit Insurance Corporation, FDIC)的成立。随后在1956年,《银行控股公司法》(Bank Holding Company Act)的出台进一步增强了美联储对银行业务的监管权力。

这个阶段居民的金融资产配置保持了相对的稳定性,并且标准化金融产品在投资中所占的比重有所增加。由于金融企业面临较为严格的监管约束,金融产品的创新和供给速度相应减慢。从 1946 年到 1964 年,美国居民的金融资产配置比例保持相对稳定。在这段时间里,股票、退休金、储蓄和共同基金等标准化金融资产在投资组合中所占的比重逐渐增加,而对非公司型企业权益的投资比例则逐渐减少。具体来看,根据美联储的数据,1946 年美国居民在股票、退休金、储蓄、共同基金和非公司型企业权益上的投资比例分别是 19.7%、9.9%、16.7%、0.2%和 30.5%,而到了 1964 年,这些比例分别变化为 26.0%、19.7%、16.9%、1.4%和 22.4%。

8.1.5　1965—1980 年:货币市场基金与第三支柱建设

在这一时期经济停滞和通货膨胀并存,股票投资在资产配置中所占的比重显著降低。在 1973—1974 年和 1978—1979 年的两次石油危机冲击下,美国经济遭遇了增长放缓和物价上涨的双重打击,市场利率也相应地大幅上升。在这种背景下,美国股市的表现较为疲软,导致居民持有的股票资产总量减少,根据美联储的数据,股票在资产配置中的比重也从 1965 年的 27%急剧下降至 1980 年的 12%。

美国的 Q 条例对银行存款利率设定了上限,导致存款对投资者的吸引力逐渐减弱,表 8.1 显示了 Q 条例规定的银行利率上限。为了适应日益上升的市场利率,1970 年美国取消了对大额存单利率的限制,尽管如此,小额存款的利率依然受到限制。在这样的背景下,布鲁斯・本特(Bruce Bent)和亨利・布朗(Henry Browne)共同创立了全球首支货币市场基金——“储备基金”(Reserve Fund),该基金通过集中小额资金购买大额存单的方式,为小额存款人提供了更高的回报。货币市场基金因此迅速增长,根据美联储的数据,该基金在 1974 年规模为 24 亿美元,到 1980 年迅速增长至超过 760 亿美元,年复合增长率超过了 70%。

表 8.1　Q 条例规定的银行存款利率上限

Q 条例规定的利率上限	
账户类型	利率上限
储蓄账户 (savings accounts)	5.25%
定期存款 (time deposits)	5.75%—7.75% (视存款期限)
支票账户 (checking accounts)	不得支付利息

注:支票账户主要用于日常交易。
资料来源:美联储;中金公司研究部。

随着一系列养老金相关政策的实施,美国确立了其养老金体系的三大支柱。1974年,通过《雇员退休收入保障法》(Employee Retirement Income Security Act),美国引入了第三支柱——个人退休账户。随后在1978年,美国《国内税收法案》(Internal Revenue Code)中的401K条款为确定缴费型养老金计划提供了税收优惠,这些优惠在1981年由国税局正式确定。由此,美国建立了一个由《社会保障法》为代表的第一支柱、雇主发起的确定给付型和确定缴费型计划(例如401K条款)构成第二支柱,以及以个人退休账户为代表的第三支柱构成的养老金体系。养老金逐渐成为美国居民金融资产配置中的关键部分,图8.1显示了美国养老金体系的三支柱。

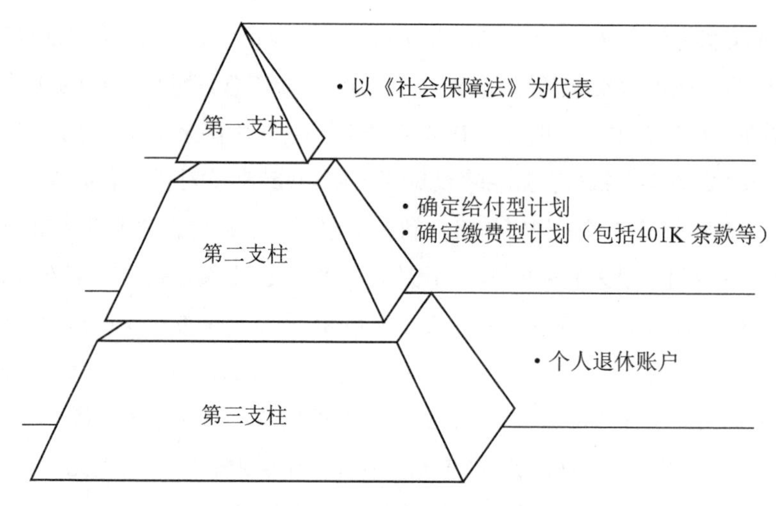

图8.1　美国养老金三支柱

资料来源:美国投资公司协会;中金公司研究部。

8.1.6　1981—2000年:养老金与共同基金共繁荣

自20世纪80年代起,美国金融领域经历了一系列重要的变革,这些变革对居民的金融资产配置产生了深远的影响。在这个时期,美国政府采取了一系列措施来推动利率市场化,逐步放宽了对银行和其他存款机构的利率限制。这一政策转变的标志性事件是1980年《存款机构放松管制和货币控制法》(Depository Institutions Deregulation and Monetary Control Act)的通过,该法案旨在六年内逐步取消对存款利率的上限,以促进金融市场的竞争和效率。1982年,《加恩-圣杰曼存款机构法》(Garn-St. Germain Depository Institutions Act)的实施进一步放松了对存款机构的监管，为金融创新和市场竞争提供了更大的空间。

然而，这些改革也带来了挑战。在 20 世纪 80 年代中期，储贷行业经历了一段快速增长的时期，但由于存款成本的上升和贷款利率的相对固定，许多储贷机构面临财务压力，最终导致其大量破产。这一危机促使居民对存款类产品的信心下降，存款在居民金融资产配置中的比重也随之降低，从 1984 年的超过 20%的高点降至 2000 年的 10%。

与此同时，美国股市从 20 世纪 80 年代开始进入一个长期的上升周期，尽管 1987 年的“黑色星期一”事件导致美国股市短期内大幅下跌，但市场很快恢复，并且股票继续上涨。这一时期的股市表现增强了居民对股票投资的信心，股票在居民金融资产配置中的比重逐步上升。

在养老金方面，随着“婴儿潮”一代逐渐进入退休年龄，养老金资产在居民金融资产配置中的重要性日益凸显。美国政府推出的税收优惠政策，如 401K 条款，进一步鼓励了居民对养老金资产的投资。这些政策的实施，加上资本市场的蓬勃发展，使得养老金权益成为居民金融资产配置中的主要组成部分，配置比例超过了 30%。

总体而言，20 世纪 80 年代以来的利率市场化改革、储贷危机、股市的长期上涨，以及养老金政策的变化，共同塑造了美国居民金融资产配置的新格局。这些变革不仅影响了居民的投资选择，也对金融市场的稳定性和居民的财富积累产生了重要影响。

在次贷危机之后，美国居民在存款方面的投资比重逐渐减少。在 1982 年至 1985 年间，储贷行业曾迅速增长，但由于存款成本持续上升而住房抵押贷款等贷款利率相对稳定，许多储贷机构破产。这一趋势导致居民的存款投资比例，从 1984 年超过 20%的峰值下降到 2000 年的 10%。

与此同时，自 20 世纪 80 年代起，美国居民对股票的投资兴趣开始回升。尽管 1987 年发生了股市暴跌的“黑色星期一”，道琼斯工业平均指数在一天之内重挫超过 22%，但股市随后迅速反弹，居民对股票的投资信心得以恢复，股票在居民资产配置中的比重稳步提升。

此外，养老金资产在居民的金融资产组合中占据了显著位置，其配置比重超过了 30%。由于“婴儿潮”一代逐渐步入退休年龄，美国资本市场的持续增长，以及政府推出的养老金税收优惠政策,居民对养老金资产的配置偏好不断增强。从 20 世纪 90 年代起,养老金权益(包括确定给付型计划、确定缴费型计划和年金)在居民金融资产配置中的比重超过了 30%,并持续保持在这一水平上,成为居民资产配置中的一个重要组成部分。

随着对养老金需求的不断增长,共同基金行业在美国经历了显著的扩张。1980 年,共同基金行业的资产管理规模仅为 1 348 亿美元,而到了 2000 年,这一数字激增至 6.9 万亿美元。无论是雇主发起的确定缴费型计划,还是个人退休账户,共同基金都成为养老金投资的核心组成部分。

具体来看,确定缴费型计划中共同基金的持有比例自 20 世纪 90 年代以来显著增加,从 1994 年的 23% 上升至 2000 年的 43%,并在此后的时间里基本保持在 40%—60%的范围内。在共同基金的类型选择上,1992 年确定缴费型计划倾向于投资于国内权益型基金,其占比高达 72%。然而,进入 2000 年后,确定缴费型计划开始减少对权益型基金的投资比重,而转向混合型基金,尽管如此,权益型基金在投资组合中的占比仍然接近 60%。

这一趋势反映了美国居民对于养老金投资工具的偏好,以及共同基金在满足这些需求方面所发挥的关键作用。随着养老金市场的不断扩大,共同基金行业也相应地实现了快速增长,成为美国金融资产配置中不可或缺的一部分。

8.1.7 2001—2021 年:金融资产配置相对均衡

从宏观政策的宽松和金融机构的混合经营,到次贷危机引发的监管加强,美国金融市场经历了重大转变。1999 年《金融服务现代化法案》(Financial Services Modernization Act)的实施为金融机构的跨行业经营打开了大门,促进了市场(特别是衍生品市场)的快速增长。然而,次贷危机导致 2008 年美国居民的资产价值显著下降,与 2007 年相比,房地产和金融资产的规模分别减少了 10%和 12%。作为回应,2010 年《多德-弗兰克法案》(Dodd-Frank Act)的实施对金融机构施加了更加严格的监管要求。

在过去十年中,美国居民的金融资产配置趋向多元化和平衡。根据美国投资公司协会(Investment Company Institute, 简称 ICI)的数据,自 2010 年以来,居民直接持有的金融资产配置比例保持相对稳定。现金和存款的比重维持在 12%—13%;货币市场基金的比重在 2%—3%之间;股票的投资比例显著增加,到 2021 年达到了27%;养老金资产的比重略有下降,2021年的配置比例为27%;共同基金的比重略有上升,2021年达到了11%;寿险准备金的比重保持在2%左右;而债券的配置比例有所减少,2021年的配置比例降至2%。这些变化显示了美国居民在金融资产配置上的态度更为均衡和审慎。

美国居民持有的股票和共同基金资产规模持续增长,到2021年,居民部门直接持有或是通过养老金间接持有的股票和共同基金配置比例总和已经超过了居民金融资产总额的一半。具体来看,尽管2007—2008年的次贷危机对金融市场造成了冲击,但美国居民对股票的投资比例仍然呈现上升趋势。到2021年,股票在美国居民金融资产中的占比达到了27%,如果考虑到养老金中的权益投资,这一比例更是上升到了34%。这一增长趋势得益于美国股市长期牛市的表现,道琼斯工业平均指数从2001年到2021年上涨超过200%,为投资者带来了显著的资本增值;同时,互联网券商的兴起和移动交易技术的普及也使得居民投资股票变得更加便捷。其次是共同基金投资。随着养老金市场的扩张,共同基金行业在美国也迎来了快速增长,成为居民金融资产配置中的重要部分。根据美国投资公司协会的数据,到2021年,共同基金(包括货币市场基金)在美国居民金融资产中的占比为13%,加上间接通过养老金持有的权益后比例达到19%。截至2021年底,美国共同基金行业的资产管理总规模达到了26.9万亿美元,个人投资者持有的账户规模超过了23.3万亿美元。

这些数据表明,美国居民在金融资产配置上越来越倾向于股票和共同基金,这些资产类别在美国家庭的投资组合中占据了越来越重要的位置。直观来看,美国居民的金融资产占比53%,超过一半,属于以金融资产为主的资产结构。进一步,我们将金融资产分类为存款、股票、债券、养老金、非公司业务权益和其他金融资产。可以明显看出,股票资产比例较大,占据36%,显著领先于养老金等其他类型资产。相对应地,债券资产占据的比例约为11%,相对较低,综合体现了美国居民较高的风险偏好。同时,居民部门对股票资产的持有偏好也为美股市场的长期繁荣提供了资金和流动性基础。

图8.2显示了美国居民家庭1980年至2022年各类金融资产的发展趋势,从1980年至今的历史发展趋势来看,图中发展趋势进一步佐证了上述观点。除去2000年科技泡沫、2008年金融危机和2020年新冠疫情三次黑天鹅所引起的风险偏好降低的例外情况,现金存款和货币基金所占比率呈现较明显的下降趋势,在2019

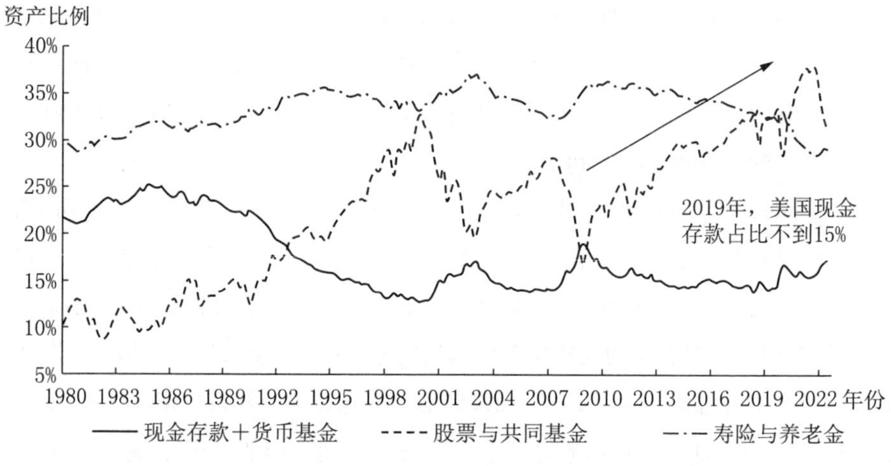

图 8.2　美国居民家庭各类金融资产发展趋势(1980—2022 年)

资料来源:CEIC; HTI。

年,这一比率甚至低于 15%。与此同时,股票与共同基金份额呈现显著上升趋势,养老金的比例相对稳定。

总体来看,四十余年间,美国居民部门对于股票权益类资产的偏好逐步增强,其配置比例上升,风险偏好加强,形成了配置比例上升和资产上升的良性循环。分析其原因,其中重要的一点是相对成熟的资本市场。经验表明,平衡好投融资之间的发展、注重投资者权益保护、形成企业行为约束机制,将能够极大程度地呵护资本市场土壤,有效促进居民财富向资本市场转移、提升全社会财富效应。

8.2　日本居民家庭金融资产的发展和选择

8.2.1　日本经济 GDP 增速三阶段

日本是亚洲具有代表性的发达国家,同时也是世界上具有代表性的低利率国家。日本政府于 1999 年推出零利率政策;2001 年加码推出量化宽松政策;2013 年在"安倍经济学"框架下进一步强化货币宽松,在本节我们将研究日本低利率环境的成因及其对日本居民资产配置结构的影响。

回顾日本经济发展史,大致可以将其分成四个阶段。第一阶段是第二次世界大战以后,1973 年以前,在此时期日本维持了近三十年的高速增长,平均增速达到

10%，类比来看，与1992年至2008年的中国类似。第二阶段是1973年至1989年，日本GDP的增速逐步下滑至5%左右。这16年间的两次石油危机造成了经济增速的波动，发达经济体在一定的调整下维持了中高速增长状态。第三阶段是1990年至2012年，其间日本经济出现大幅下滑，国内经济面临房地产、股市泡沫破裂的冲击，而外部环境面临1997年的金融危机和2000年美国互联网泡沫。第四阶段是2012年以后，随着全球经济从次贷危机中逐步恢复，日本也逐渐有恢复的起色，时任首相安倍晋三提出"安倍经济学"，持续宽松的环境和政策支持为日本经济注入新动力。总的来看，1990年至2020年的日本平均增速为3%，显著低于过去的增速，这一时期也被称作日本"失去的三十年"。

8.2.2　1973—1989年：危机前夜

在第二阶段，即1973年至1989年，日本经济面临两次石油危机的冲击，由于日本缺乏石油矿产资源，石油主要依靠进口，石油价格的剧烈波动形成了日本国内输入性通货膨胀。物价快速上涨，传导至国内，使得需求降低，这进一步导致消费降低和经济下行。在这段下行周期，日本居民部门将现金存款作为主要的资产，其占比高达60%，而股票和其他权益仅占13.8%，保险和养老金占13.2%，债券占6.1%，投资信托占1.3%，其他金融资产为6.2%。日本家庭在危机当中具有低风险偏好的特征，以低风险资产作为主要持有对象。

这次危机使日本产业得到了转型升级，由粗放的生产导向转为技术导向下的工业生产模式。各类新型工业产品层出不穷，如日产轿车。这一定程度上带动了日本的全产业经济发展。由于美国在石油危机中陷入滞胀的衰退困境，1985年美国牵头和日、法、英、德签署"广场协议"，通过促进美元贬值，以减小美国对外贸易逆差，保持美元信用。在这份协议下，美元兑日元升值，冲击了日本出口，直接消耗了日本工业转型所形成的优势，并直接引起了日本的衰退。为了缓解本国经济下滑、汇率大幅波动上升的问题，日本中央银行连续进行多轮降息，在激进的货币政策下，逐渐形成了20世纪最大的资本市场泡沫。极度宽松的货币环境使得居民部门将大量通货和存款资产转向股市。对比1979年前，处于资本泡沫环境的日本家庭现金存款占全部资产的比例从45.4%下降到14%；股票及其他资产占全部资产的20.6%，增加了6.8%；保险及养老金占总资产的19.4%，增加了6.2%；投资信托占3.9%，增加了2.6%；债券和其他金融资产占比相差不多。经济过热时期,日本家庭将大量资产投入股市和房产,风险偏好大幅上升,以期资产实现大幅增值。

8.2.3 1989—2003年:经济泡沫破裂

在第二阶段末期,即1989年,日本央行决定结束降息的货币宽松环境,宣布加息,主动刺破泡沫。在信贷收紧的进程中日本股市最先反应,股市急剧下跌,风险经过传导,导致1991年楼市开始崩盘。这一过程中金融体系全面崩塌,日本经济及主要工业产业失去活力,总需求的下降产生了整体经济的通缩循环。

在这段时间,通货和存款重新成为日本居民的主要金融资产,份额重新超过50%,达到52.4%,对应较低风险的具备保障作用的保险和养老金超过股票成为第二大资产,占据全部资产的26%,股票和其他资产缩减为10.7%,债券缩减为4.2%,投资信托占2.2%,其他金融资产占4.3%。我们可以清晰地看到,日本居民对政府的信心降低,整体风险偏好降低。1998年,日本政府的低息贷款和救济补助也并未产生明显作用,未形成对规模化工业的提振效果。随着亚洲金融危机的全面爆发,日本国内失业率到达历史高位,日本股市开始了长达十年的下跌。在连续通缩的背景下,为了刺激经济,日本央行罕见地实施零利率和量化宽松的货币政策,且国债与GDP比率由130%提高至180%。根据日本中央银行的数据,在这个时期,居民现金和存款占总金融资产比例达到55.3%,保险和养老金占26.8%,保守资产比例创历史新高。与此相对,股票及其他股权缩减至8.4%,债券占2.5%,风险类资产创历史新低。投资信托占2.4%,其他类金融资产占4.6%。

从总体发展情况来看,居民部门的金融净投资在整个20世纪80年代末增加后,自20世纪90年代以来保持持续下降,金融盈余从20世纪90年代中期左右开始收缩,自2000年以来进一步下降。在金融投资流量的细分方面,在20世纪80年代,最大的贡献来自货币和存款。保险和养老金储备也做出了巨大贡献,股票以外的证券位居第三。

对泡沫破裂后的这一时期进行总结,大致有以下几个特征:

一是通货和存款份额增加。1990年以来,日本家庭持有的货币和存款份额逐渐增加,从45%上升到55%左右。在中央银行降息的情况下,家庭也不愿意将资金转移到其他资产,特别是风险资产中。资产风险低和保值成为居民投资最看重的方面。

二是股票等权益的份额降低。与货币和存款相对应的是，同时期，甚至从更早的20世纪80年代中期开始，日本家庭持有的股票和投资信托份额就逐渐降低，从约20%下降到约8.5%。资产泡沫破裂和严重的通货紧缩是本轮调整的主要导火索。

三是国债份额减少。自20世纪80年代末以来，日本家庭持有的国债份额也逐渐减少，从约6%下降到约2%。这可能是由于政府债券收益率下降，导致家庭更愿意将资金转移到其他资产类别中；也可能是由于日本民众对政府信心降低，政府的公信力缺失。

四是其他金融资产份额稳定。除了存款、股票、投资信托和国债，日本家庭持有的其他金融资产份额相对稳定，约为4.6%左右，不受经济周期影响，未因为风险偏好降低而成为新的资产蓄水池。

8.2.4　2004—2022年：缓慢恢复的经济和风险偏好

我们通过分析2004年至2022年年度居民资产结构数据，可以看出，货币和存款所占比例持续保持在50%以上，保险和养老金在近年有逐步收窄的迹象，从2004年的31%下降至2022年的26%，股票比例维持波动均衡，在近二十年间保持在6%—13%的比例区间。

与美国相同，日本同样具有相对发达的资本市场，在制度上具有完备的法律法规。但就数据来看，日本在近二十年经济恢复的发展中并未形成广泛的权益投资氛围，股票投资占居民财富的比率最高不过13%，明显低于美国36%的相应数据。

究其原因，美国和日本在同时经历房地产泡沫后，立足于经济周期大拐点，产生了投资分歧。日本的房价泡沫破裂是在20世纪90年代初发生的，随后房价呈现持续数十年的走低态势；美国相对应的次贷危机大调整在2007年第一季度开始，两国在房地产泡沫破裂后，居民部门在房地产的资产配置均出现持续且显著的回落。如图8.3所示，根据香港环亚经济数据有限公司(CEIC)的数据，在1991年至2006年间日本居民部门的非金融资产由61%下滑至39%，美国家庭非金融资产也在2007—2014年的7年内下降7%，非金融资产比率的下降则对应金融资产比率的明显抬升。

日本居民家庭在金融资产比率提升的过程中，体现了和美国截然不同的配置

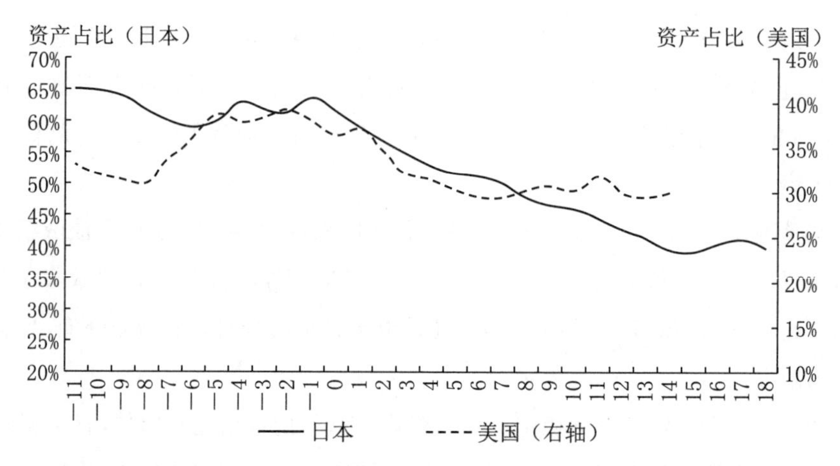

图 8.3 泡沫后时代日本和美国居民部门非金融资产占比均持续回落(%)

资料来源:CEIC;HTI。

注:横坐标为距离房价最高点的年份,该最高点日本为 1991 年,美国为 2007 年。

倾向。上文中已经表明美国的家庭财富明显向股票和共同基金转移,同时现金存款比重相对稳定,养老金占比持续回落。而如图 8.4 所示,日本在经历房地产危机后,资金并没有向其他方向转移,而是较为一致地锁定在银行存款中,或是作为现金留存,相对应地,股票权益在市场中的资产比例从 1990 年的 20.3%快速回落到 2002 年的 7.5%,呈现与美国截然不同的不升反降的趋势。

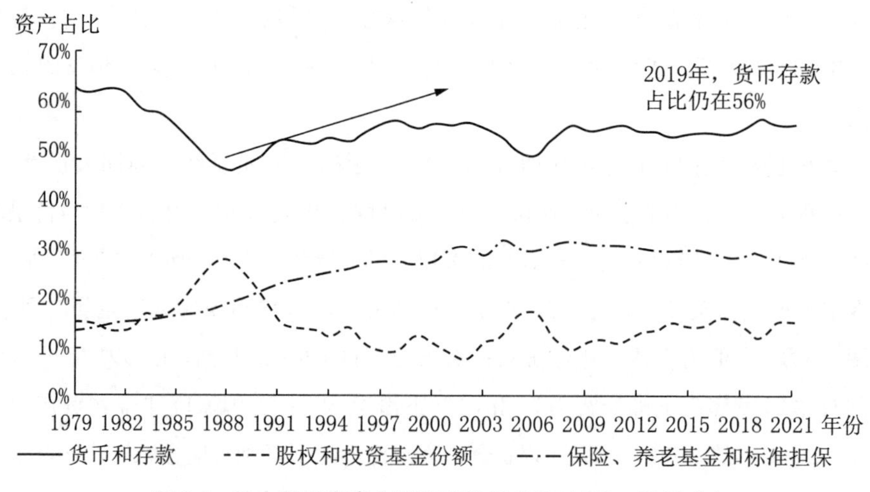

图 8.4 日本居民家庭金融资产发展趋势(1979—2021 年)

资料来源:日本银行;HTI。

当前中国面临经济转型，过去由房地产驱动的经济体系存在较大压力，面临一定的金融风险。在下一步高质量发展的进程中，以日本为例，总结其居民存款变化的历史成因，以期更好的指导中国居民财富配置的引导工作，主要有三点经验：一是日本有鼓励储蓄的历史时代背景，在战后启动过“居民储蓄运动”，这一历史渊源下居民形成了存款储蓄的习惯，加之日本居民缺乏系统的金融知识，这遏制了居民部门对于权益投资的积极性；二是风险偏好的降低也与经济危机有关，在经历20世纪90年代房地产泡沫后，日本居民的风险厌恶水平显著提高，特别是当今日本60岁以上的老人，而根据日本统计局的报告，户主60岁以上家庭的金融资产超过户主40岁以下家庭三倍；三是房地产具有居住属性，但其在危机时展现的价格快速波动使其金融属性更加明显，如果将房地产同样作为风险资产，则可以清楚地了解到其收益较低，但风险较高，加之房地产固有的低流动性，从传统金融模型来看，这类资产如果在被动持有的同时持续下跌，则会显著影响并挤出居民部门对其他风险资产的配置，由此来看，股票市场配置显著降低是有依据的。

总结来看，就日本的历史经验表明，若想居民资产更多方向地在资本市场配置，就需要多方面的引导和配合。一是从金融模型来看，一个慢牛的资本市场会引导居民部门逐步提高权益比重。二是从养老和社会保障来看，有必要继续提高个人养老金参与率，降低养老规划难度，从而降低市场的波动率，形成长期资金流入的状态。三是应继续降低中国居民部门的杠杆率，降低负债率可以显著提高居民的风险偏好。

全面审视日本居民金融资产配置结构的全时期发展趋势，即通过对1973年至2022年数据的整理，可以直观地看出，1990年形成的房地产危机的影响是深远的，回顾日本过去波动的经济和金融环境，可以观察到在20世纪80年代末期，日本家庭开始显著增加他们对低风险资产的投资，同时减少对高风险资产的投资。然而，随着2000年以后日本经济金融环境的逐渐稳定，这一趋势有所改变。日本家庭开始逐渐增加对某些风险资产的投资，但从总体水平来看，与欧美相比，日本家庭在资产配置上依然表现出较为保守和谨慎的风格，更倾向于持有现金和存款，而对股票等风险资产的投资比例相对较低。

如果将日本的经济金融历史视为一系列的挑战，那么上述分析揭示了日本家庭是如何应对这些挑战的。我们可以预见，在未来遇到类似情况时，其他经济体的投资者也可能表现出相似的行为模式,以史为鉴,居民大致对资产有以下集中偏好:看重资产安全性、流动性;低风险资产配置;高通货和存款配置;增配保险和养老金;增配海外资产。

8.3 韩国居民家庭金融资产的发展和选择

8.3.1 “汉江奇迹”的三个转折点

韩国是世界历史上少数成功跨越“中等收入陷阱”、翻过高收入之墙的经济体之一,其经济在 20 世纪 60 年代开始腾飞,用短短几十年的时间,从一个贫穷落后、资源稀缺、市场狭小的国家,成功跻身发达经济体。本节分析“韩国模式”背后的“汉江奇迹”,及对应时期韩国居民金融资产结构的变迁。

在 1990 年至 2020 年的三十年间,韩国经济经历了三个重要的转折点。首先是 1990 年前后,韩国经济增长率从高速增长阶段步入放缓阶段,伴随着贸易环境的变动和传统产业优势的减弱。其次是 2001 年前后,韩国经济转型完成,改革给私营部门带来了重大冲击。最后是 2011 年前后,韩国经济增长率再次下降,人口老龄化成为主要问题。

面对第一个转折点,即 1990 年前后,当时日本正面临房地产泡沫破裂,韩国政府在这一时期采取了经济和金融开放的措施,以激发投资和经济活力,并通过产业升级来转换经济增长的动力。金融自由化政策主要放松了市场管制,鼓励企业增加杠杆;产业政策则着力将电子产业打造成支柱产业。

在第二个转折点,即 2001 年前后,韩国政府将政策焦点转向扩大内需,宏观政策通过降低政策利率和增加财政支出来实现这一目标,产业政策则致力于发展消费金融、房地产投资和“文化立国”战略,以促进产业结构的再次升级。

面对第三个转折点,即 2011 年前后,韩国政府集中精力解决老龄化社会问题,一方面不断完善生育、养老计划和养老金制度改革,支持老年人再就业;另一方面,产业政策重点支持医药生物和适合老年人的产业发展。

8.3.2 银行信托账户改革

第一个转折点后,与当前中国的情况相似,20 世纪 90 年代的韩国正处于利率市场化改革的过程中。由于存款利率受到限制,韩国商业银行通过信托账户来应对存款流失的压力。一些信托账户不仅承诺保本保收益，而且对提前支取的惩罚相对较低，因此被客户视为一种近似无风险的现金管理工具。1996 年至 1999 年间，韩国政府对银行信托账户进行了重大改革。1996 年 5 月，政府开始对银行信托账户进行改革，具体措施包括：

（1）大幅减少提供固定收益的“发展型资金信托”的规模，1996 年的发展型信托净增规模不得超过 5.6 万亿韩元，到 1999 年 1 月，禁止发展型信托吸收新资金。

（2）将信托账户的最短期限从 1 年延长至 1.5 年，并将提前支取的惩罚金比例从 0.75%—1.75%提高到 2.0%—3.0%。

（3）除了长期养老金产品外，其他与资产价格表现相关的产品不得承诺保本。

此外，在 1997 年至 1998 年间，韩国政府还对信托账户的资本计提、授信集中度和估值方法提出了更严格的要求。这些改革措施显示，韩国当年在打破刚性兑付、推行采用市值法估值等方面，与中国近年来的资管新规在理念上非常接近。

受信托账户刚兑打破的影响，信托在韩国居民金融资产中的占比在达到顶峰后开始下降。1997 年，信托在韩国居民金融资产中的占比达到历史最高点，接近 13.0%。此后，这一比例开始波动下降。到 2005 年，信托在居民金融资产中的比例已经降至 2.0%的低位，累计下降了 11 个百分点。

8.3.3 新蓄水池的形成

在信托资金持续流出的背景下，新蓄水池逐步形成。主要有三个方面：

（1）在利率市场化的大环境下，定期存款和储蓄存款成为韩国信托账户改革的主要受益者。1995 年，即信托账户改革实施的前一年，韩国解除了对定期存款利率的管制。到了 1997 年，韩国进一步放宽了对储蓄存款利率的限制，如表 8.2 所示。随着信托账户改革的推进，定期存款和储蓄存款在居民金融资产中的比重开始上升。如图 8.5 所示，到了 2002 年，这一比例达到了 31.1%，相较于 1997 年增长了约 13.4 个百分点。然而，在 2003 年至 2005 年期间，定期存款和储蓄存款在居民金融资产中的比重有所下降，到了 2005 年，这一比例降至 26.1%，尽管如此，相较于 1997 年仍然增长了 8.4 个百分点。

表 8.2 韩国储蓄存款利率市场化情况

	1997 年 7 月前	1997 年 7 月后
储蓄存款	年利率为 3.0%	无限制
优先储蓄存款	3 个月以上无限制;3 个月以下年利率为 3.0%	无限制

资料来源:CEIC;兴业研究

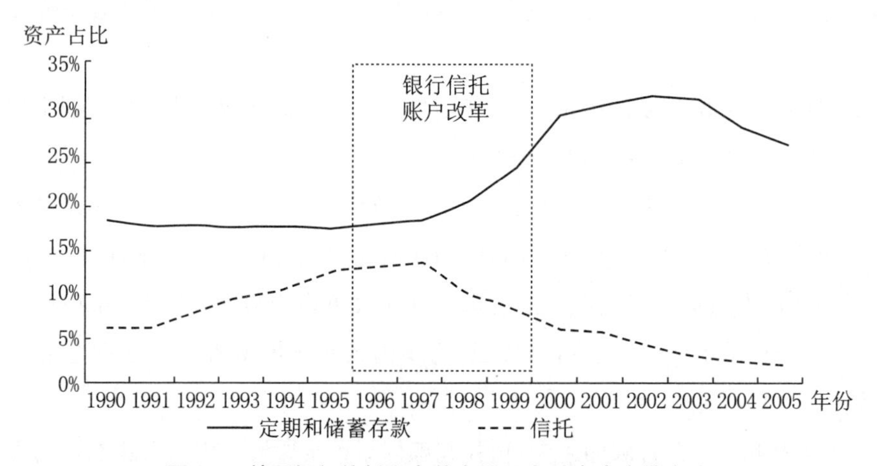

图 8.5 韩国银行信托和存款在居民金融资产中的占比

资料来源:CEIC;兴业研究。

在这一过程中,定期存款的增长速度超过了储蓄存款。如图 8.6 所示,在信托账户改革之前,韩国商业银行和专门银行的存款结构中,定期存款的比重大约为 20%,而改革后这一比例上升到了大约 50%。与此同时,储蓄存款的比重也有所增加,但其增长幅度没有定期存款那么显著。信托账户资金流向存款的趋势可能表明,那些原本投资于保本保收益信托账户的投资者倾向于选择风险较低且能带来稳定收益的金融产品,例如定期存款。

(2) 在韩国银行信托账户改革期间,居民持有的股票资产在金融资产中的比重经历了一段上升期。1997 年,韩国居民金融资产中直接持有的股票占比约为 6.4%。尽管 1998 年韩国股市因金融危机而大幅下跌,但居民金融资产中直接持有的股票比例却逆市上升了 0.5 个百分点,达到 6.9%。到了 1999 年,这一比例进一步增加到 7.3%。然而,在信托账户改革结束后,尽管韩国综合指数呈现波动上升趋势,但居民对股票的配置力度并未持续增强,直接持有的股票在居民金融资产中的比重反而总体呈现下降趋势。到了 2005 年,直接持有的股票在居民金融资产中

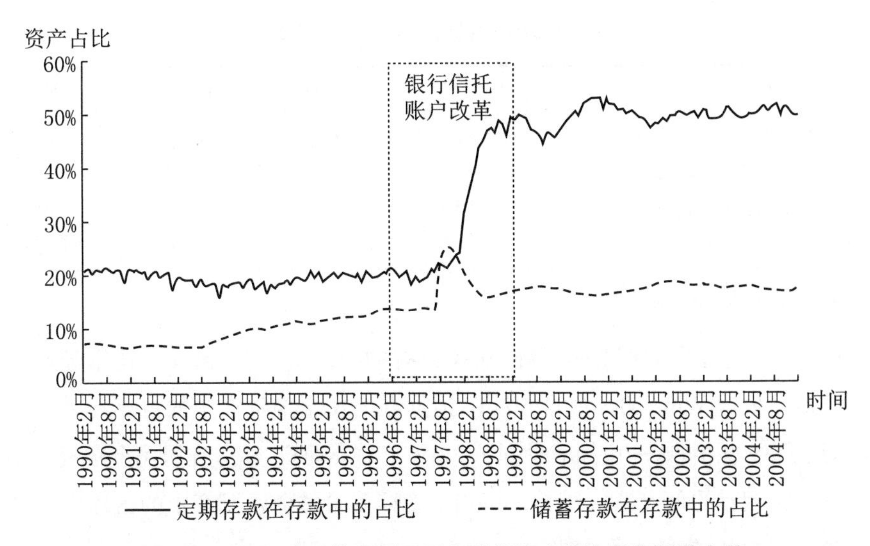

图8.6　刚兑打破后韩国居民更多地投资定期存款与储蓄存款

资料来源：CEIC；兴业研究。

的占比降至5.0%，比1997年下降了1.4个百分点。

(3) 信托账户改革期间，居民的金融资产通过购买收益凭证的方式大量流入证券市场。在韩国，投资信托公司是居民参与证券市场的关键渠道。这些公司自20世纪70年代起就开始运营，向投资者提供收益凭证，这些凭证可投资于股票或债券。居民可以通过购买收益凭证来参与债券或股票市场。与投资信托公司相比，韩国的共同基金行业起步较晚。直到1998年9月，韩国才通过相关法律，为共同基金行业的发展奠定了法律基础。因此，在信托账户改革期间，韩国居民的资金开始大量流入收益凭证市场。根据CEIC数据，1997年，收益凭证在居民金融资产中的占比为8.3%。到了1998年，这一比例急剧上升至12.8%。不过，受到一些大型集团流动性危机的影响，1999年收益凭证遭遇了大规模赎回，其在居民金融资产中的占比回落至10.4%。在2000年至2005年间，收益凭证在居民金融资产中的占比在6.0%左右波动，相比1997年有所下降。

收益凭证的资产配置受到市场行情的显著影响。在1998年，由于东南亚金融危机的冲击，韩国国债的利率大幅下降，这使得债券型收益凭证变得更受投资者青睐，其在收益凭证总体中的占比飙升至95.8%。随着金融危机的消退和韩国股市的复苏，股票型收益凭证的受欢迎程度显著增加。如表8.3所示，到了2000年，股票型收益凭证的占比达到了35.7%，与1998年的4.2%相比，增长了31.5个百分点。

表 8.3　韩国投资信托公司的投资类型分布

类　　型	1997	1998	1999	2000
投资信托公司总和（十亿韩元）	87.1	196.4	188.4	141
债券型（十亿韩元）	75.9	183.5	127.9	82.9
股票型（十亿韩元）	10.7	8.3	55.6	50.4
股票型占比	12.3%	4.2%	29.5%	35.7%

资料来源：韩国金融监管局；兴业研究。

（4）在信托账户改革期间，韩国居民持有的金融资产中，债券的比重经历了一段下降期。根据 Wind 的数据，1997 年，债券在居民金融资产中的占比约为 4.1%。然而，到了 1999 年，这一比例减少到了 2.5%。总体而言，债券在居民金融资产中的比重保持了相对的稳定性。到了 2005 年，债券在居民金融资产中的占比回升至大约 4.1%，与 1997 年的水平相当。

同样地，在银行信托账户改革期间，寿险和养老金在韩国居民的金融资产组合中保持了相对稳定的比重，直到进入 21 世纪之后，这一比例才开始逐渐上升。到了 2005 年，寿险和养老金在居民金融资产中的占比达到了 20.9%，相较于 1997 年的水平上升了 2.3 个百分点。

总体而言，在银行信托账户改革期间，韩国居民的金融资产主要流向了定期和储蓄存款，以及投资信托公司发行的收益凭证，同时，直接股票投资在居民金融资产中的比重也有所增加。但是，随着信托账户改革的结束，直接股票投资和收益凭证在居民金融资产中的比重并没有维持增长势头，反而回落到了改革前的水平以下。相比之下，定期和储蓄存款在居民金融资产中的地位提升则更为持久。这可能是因为银行信托账户的投资者通常对风险的承受能力较低，更倾向于选择风险较低的投资方式，相关数据参见表 8.4。1999 年，一些大型集团爆发流动性危机，导致部分意识到证券投资风险的居民从证券市场撤资。

表 8.4　韩国居民不同类型资产在金融资产中的占比

年份	信托	定期和储蓄存款	股票	收益凭证	债券	寿险和养老金	备注
1996	12.5%	17.3%	6.5%	8.3%	4.4%	18.4%	
1997	13.0%	17.7%	6.4%	8.3%	4.1%	18.6%	信托账户改革期间
1998	9.7%	19.7%	6.9%	12.8%	2.9%	17.4%	
1999	8.1%	23.3%	7.3%	10.4%	2.5%	17.4%	

续表

年份	信托	定期和储蓄存款	股票	收益凭证	债券	寿险和养老金	备注
2000	5.9%	29.0%	6.9%	6.5%	2.8%	18.1%	
2001	5.6%	30.3%	6.6%	6.3%	3.0%	18.4%	
2002	3.8%	31.1%	6.2%	6.4%	3.2%	19.4%	
2003	2.8%	30.8%	5.7%	4.8%	3.9%	20.0%	
2004	2.2%	27.8%	5.6%	6.3%	3.8%	21.0%	
2005	2.0%	26.1%	5.0%	6.3%	4.1%	20.9%	

资料来源：Wind；兴业研究。

8.3.4　韩国居民资产配置现状

韩国是亚洲除日本外的另一个有代表性的发达国家，其资产结构同样属于本章开篇所说的第四类，即以持有通货和存款为主的居民资产结构。根据韩国金融投资协会发布的《2022 年主要国家家庭金融资产比较》，从表 8.5 中可以看出，韩国居民的非金融资产比例缓慢降低，金融资产比例缓慢升高。

表 8.5　韩国家庭金融资产和非金融资产份额变动趋势

	2014	2015	2016	2017	2018	2019	2020
非金融资产	64.6%	63.6%	63.4%	63.1%	64.5%	64.4%	63.6%
金融资产	35.4%	36.4%	36.6%	36.9%	35.5%	35.6%	36.4%

资料来源：韩国金融投资协会。

根据韩国金融投资协会的数据，截至 2019 年底，在韩国，包括房地产在内的非金融资产占家庭资产的比重为 63.6%，高于 36.4%的金融资产比重。非金融资产中的主要组成成分是房地产，其所占比重约为非金融资产四成。从细分金融资产来看，低风险资产的配置比例较高，现金和存款仍占家庭金融资产最大份额，为 43.4%，而股票、债券和投资基金等金融投资工具的占比为 25.4%，在 2021 年底同比增长 0.2 个百分点。

相对于同样热衷于持有现金和存款的日本居民来说，近年来韩国居民在权益市场的配置比例有显著的变化，由 2019 年的 15.3%提升至 2020 年的 19.4%。虽然股票占比增势明显，但与金融产品相比，韩国人还是更钟爱房地产等非金融资产。这一点在一定程度上与韩国房屋价格存在关联，根据 Wind 的数据，2000 年以来，韩国房屋价格呈现较为明显的单边上行趋势。截至 2021 年年底，金融资产占韩国家庭资产的比例为 35.6%,而在美国、日本和英国则分别占 71.5%、63% 和 53.8%。

8.4 居民家庭金融资产配置的国际启示

居民及其家庭的资产配置模式揭示了他们对风险的态度和资产选择的倾向,这种模式受到国家经济、文化、政治、法律等多重因素的影响,呈现出一定的差异化特征。具体而言,从宏观层面的政策不确定性、家庭生命周期,到行业层面的数字金融发展,再到个体层面的风险偏好、收入水平、净资产、教育背景、金融知识水平以及信息获取和交流能力,都存在一定的影响。

在本章中,我们对美国、日本和韩国的居民资产配置进行了概述和相关分析。结果显示,美国居民的资产配置相对均衡,日本居民倾向于持有较高比例的现金和存款,而韩国居民则更偏爱房地产投资,这反映了不同国家居民在风险承受能力和资产选择上的多样性。深入分析这些国家居民资产配置的历史变迁,我们发现了一些共同趋势,总结出以下几点居民家庭金融资产配置的国际经验与启示:

第一,居民年龄结构对金融市场的长期投资偏好可能产生深远的影响。家庭资产配置策略随着生命周期所处阶段的不同而变化,年轻家庭倾向于投资风险资产,而年长家庭更偏好稳健型资产。因此,社会老龄化的加剧将导致整体资产配置趋向稳健型资产,而年轻家庭较多时社会则偏好风险资产。从分类上来看,风险金融资产配置与年龄的关系可能是倒 U 型或双峰型,随着老龄化社会的到来,居民家庭对风险资产的需求减少,更注重稳定和流动性。

第二,资产价格的历史波动对居民的资产配置选择具有显著影响,尤其是资产价格泡沫的破裂,其负面效应影响较为深远。资产价格的下跌是改变居民配置意愿和结构的主要因素。例如,日本在 1990 年房地产泡沫破裂后,居民对不动产的投资比例长期下降,这一趋势维持至 2010 年后;同样,2008 年美国次贷危机之后,居民对不动产的投资比例也出现了明显的下降,这种趋势持续了 6 年。

第三,利率水平和流动性限制对居民在金融资产中选择无风险或低风险资产的比例有显著影响。随着利率的下降,现金和存款的比例趋于减少,但达到一定水平后将趋于稳定,这与居民的风险承受能力和流动性需求紧密相关。在逐步降低利率的环境下，在存款结构方面，定期存款的比例呈现下降趋势，而现金和活期存款的比例则有所提升，这反映了在低利率环境下居民更倾向于流动性而非定期存款的微小非流动性溢价。债券的直接投资比例有所下降。尽管在这些国家的居民资产配置中，债券的比例普遍较低，历史最高值不超过10%，但在利率下降的情况下，其配置比例仍然有所下降。

第四，居民金融资产中股票资产的比例受股价波动的影响较大，资金流入并不稳定；然而，投资基金的比例呈上升趋势，资金流入相对稳定。在低利率环境下，价格因素和主动配置共同推动了股票资产比例的提升，但从长期来看，居民对股票的配置和资金流入并不稳定。跨国比较表明，股票配置比例不像不动产、现金和存款那样稳定，价格波动是原因之一，而股票对利率也更为敏感。从主动配置来看，低利率时代初期居民股票投资的资金流入较为显著；危机后则以资金流出为主。

第五，居民的金融资产有向养老金集中的趋势，这主要是由于税收优惠政策的推动，是居民在低利率环境下提高资金配置效率的一种方式。从资金流向分析来看，居民对养老金的配置是持续且大幅的资金流入，资金主要来自现金和存款。这相当于居民间接增加了股票、投资基金等风险金融资产的配置，提高了资金的配置效率，也是风险容忍度提升的表现。

第六，从宏观角度来看，经济政策的不确定性将显著降低居民家庭参与金融市场的活跃度。在政策不确定性高的环境中，居民倾向于采取更谨慎的策略，风险规避意识较强，会主动减少对风险资产的投资，转而选择更稳健的资产配置。面对未来工资收入的不确定性，居民可能会通过增加持有低风险资产来对冲风险，而这些资产在价格水平调整后的实际相对收益率可能较好。

随着中国房地产市场增长放缓和经济增长模式的转变，居民财富配置将从房地产转向金融资产。这一转变应遵循一定的客观规律，并参考国际经验。首先，发达国家的经验表明，金融资产的重要性不断增强，多样化配置成为趋势。尽管总体来看风险金融资产与无风险金融资产的配置比例在不同国家间存在显著差异，但风险金融资产的比例是逐步上升的。其次，美日韩等国家的家庭金融资产配置中，约有30%是保险和养老金等产品，这表明随着人口老龄化，社会保障制度将深刻影响微观金融活动，完善社会保障制度，健全养老体系是建设金融强国的必要措施。再次，美国家庭金融资产配置的趋势值得关注，因为美国经济金融市场较为成熟，数据易于获取和分析。尽管中美在制度文化和经济决策习惯上存在差异,但家庭金融决策的根本因素具有普遍性,其内在逻辑和发展趋势具有必然性。最后,中国可以借鉴发达国家的经验,通过完善金融市场法规、培育机构投资者,引导家庭金融资产从无风险金融资产转向风险金融资产,促进投资者金融资产的合理配置。

第 9 章　中国居民家庭金融资产风险管理的政策建议

家庭金融资产配置的风险管理是一个比较复杂的问题，这一过程包括投资前的考虑、投资时的观察及投资后的总结。由于家庭在进行资产投资的过程中会面临未知的风险和收益，家庭应该保持理性，能够结合家庭的实际状况，充分考虑家庭资产配置的合理性和有效性，以及金融资产和资产组合的收益与风险是否与家庭的财富情况和财务目标匹配，这样才可以达成家庭资产投资的收益最大化。通常我们将家庭金融资产配置的风险管理过程分为两个阶段：一是基本阶段，在这个阶段要明确家庭资产的财务目标和财富增值目标，并根据这一目标进行合理的风险估计和自身承受能力的判断；二是优化阶段，即在确定目标之后，开始着手于配置相关的金融资产的这一阶段，要时刻注意金融市场和证券市场的变化，注意宏观经济和社会政治的新闻，多多了解外部环境变化的因素。

9.1　居民家庭金融资产风险管理

9.1.1　风险的管理

无论是风险管理还是资产比例配置，二者都是相对于金融市场而言的，而资产的配置及资本的运行机制本身就与金融市场紧密相连，可能存在的潜在风险也来源于金融市场，所以风险管理要将金融市场的可变性与风险有效地联系起来，才能实现目标。家庭资产配置风险管理主要可以从家庭、金融资产和金融市场三个维度进行分析。

一是居民家庭的风险管理。首先，了解家庭获取金融资产的信息情况。在风险管理阶段，如果一个家庭对于金融资产所能获取到的信息的渠道和种类都非常丰富的话，那么这个家庭的成员可能已经拥有了比较多的金融知识，可以了解到更多其他家庭所不能了解到的金融资产投资信息，可以根据已经掌握的金融资产知识进行相应的投资和判断，并且可以根据风险特征进行粗略的判断和认知。获得金融方面的相关信息，也有利于家庭在投资阶段不断地对投资方案进行调整，更能有效地规避相关风险，从而最大化家庭的收益。其次，了解家庭的实际资产情况。在了解相关金融资产在金融市场的相关信息之后，要在对自己家庭的实际资产有清晰的认知之后才能进行下一步的投资，否则如果投资计划与自身资产总额不匹配，将会产生严重的后果。再者，要对家庭整体的风险偏好有精准的判断，这样更有利于对金融资产种类的选择。以上几个方面综合起来，就可以对金融资产的选择有一个最精准的判断。

二是金融资产的风险管理。在家庭进行资产配置时，可选择的金融资产本身就各具特点，且不同的金融资产之间也有很大的差异。通常来看，风险高的金融资产相应地收益也会较高，而收益低的金融资产其风险也较小，所以在进行资产配置时，家庭要对金融资产的风险情况有充分的认识，不仅如此，更要对未来金融资产的风险可能产生的变化有一个清晰的判断，否则一旦风险大于家庭可承受的风险，就会有严重的后果。

三是金融市场的风险管理。金融市场一直处在不断的变化之中，金融市场的风险难以预测和分析。因此，应采取相应的防范措施对金融市场进行风险管理。首先，对于宏观的经济和社会环境，家庭需要有一个大致的了解。其次，家庭要再专门针对金融市场进行深入的分析，特别是对金融市场的风险状况开展研判，如市场利率有何变化，金融资产收益率和通货膨胀率有何变化，等等。最后，提前规划可能出现的风险的解决思路和办法，一旦发生风险上升的情况，要有一个大致的解决方案，才能更好地进行下一步投资。

对于家庭来说，当其选择配置的金融产品时间周期较长，如选择 5 年或 10 年为期的金融产品时，则更应该重视风险管理。那么对于这样较长的资产周期，家庭可能会在 5—10 年中出现一些变化。首先，在 5—10 年的资产配置周期中，一个家庭的资产在此周期内可能发生了变化，可能有所上升，也可能有所下降，但无论家庭财富是增加还是减少，都必定会引起家庭对于金融资产数量和种类需求的变化。在这种变化发生的同时，还很可能会临时出现家庭对资金有大量的需要的情况。但由于资产配置的限制，家庭为了处理暂时性的资金缺口，可能会进一步造成严重的流动性风险危机。其次，在未来 5—10 年的资产配置周期中，家庭对社会的信任程度也可能发生改变，如果对社会信任程度提升，那么就会进一步投资于相关金融资产；如果对社会产生一定的信任危机，那么家庭也有可能减少相关金融资产投资。由于金融市场变幻莫测，金融风险不断出现，为了能够有效地应对资产配置过程中可能出现的各种金融风险，居民家庭要不断地根据外在经济环境和金融市场的需求做出改变，及时调整配置策略。

居民家庭资产配置的风险管理要根据居民家庭财富和金融市场环境的变化，优化目前的家庭资产配置结构，再根据新的社会和经济环境下的风险偏好改变金融资产内部结构的类型和比例，构建出一个新的金融投资组合，从而可以更好地应对家庭环境的变化和金融市场的变化，更好地进行下一次金融资产的投资。在家庭金融资产配置的基本阶段，风险管理应从家庭的实际情况出发，充分考虑和分析家庭的基本特征、金融资产的特征和金融市场的变化。在资产的配置过程中也需要充分考虑到后续家庭和金融市场是不断变化的，因此家庭需要不断地变换财务目标并进行调整，实现家庭资产配置的优化、风险管理和再平衡。家庭在资产配置风险管理过程中最重要的部分是资产配置组合的选择。资产配置组合的选择过程基于家族风险估计的管理优化过程，也是权衡风险与收益的判断过程。事实上，家庭可以为配置组合找到一个最优的风险收益比率，根据这一比率进行下一步的投资，获取最大化收益。

9.1.2　居民家庭金融资产配置组合的最优化

基于风险控制视角，家庭进行资产配置组合的最优化过程有以下两个实现步骤：(1)找到风险资产的最优组合；(2)将最优风险资产组合与无风险资产组合进行合理的比例搭配。首先，风险资产的最优组合实际上是相对于预期家庭能承受的最大风险而言投资回报最高的金融产品。其次，选择风险资产的最优组合会给家庭带来较大的投资不可控因素的负担，在此基础上需要与无风险的资产进行结合，构建一个新的资产配置结构。然后家庭再根据自身的财富、偏好的风险和预期想要获得的收益计算最优的配置比例。因此,从风险控制的角度出发,所构建的家庭资产配置组合是最合理、最科学的。

(1) 家庭资产配置风险的预防。

在资产配置中,经常会遇到未知的金融风险。为了有效地防范和应对这些风险,我们必须在资产配置过程中实施相应的风险预防措施。首先,建立一个科学合理的家庭收支计划。一方面,投资者必须认真核实家庭财富中真实有效的流动资产;另一方面,投资者要充分考虑到家庭的日常支出,准确计算出家庭在期限内的资产配置方式,进行理性投资。投资者可以将资金用于投资配置的资产,同样也可以将其用于维护资产的增值。其次,家庭投资者在进行资产组合配置时要谨慎选择。在配置时分析各种投资风险的可能性,是非常重要的,在进行配置之前和配置时,都要灵活地收集金融市场上的各种信息,基于此分析未来可能发生的变化及其他情况,以适应资产配置结构的变化,金融市场的信息也可以看作是一种财富,并且这种财富可以转化为实物财富。最后,家庭必须评估宏观形势,不要太盲目地做出投资决策,应该密切注意社会、金融和经济形势的变化,所做出的资产配置结构调整都应当根据自身独立判断,不能直接盲目效仿,并且在最终资产配置前,要将风险防范措施准备到位,预测今后可能会出现的风险情况,提前做好准备。

(2) 家庭资产配置风险的控制。

通常在家庭进行资产配置的前期,家庭投资者会预留部分家庭流动性,在后期风险发生时进行应急处理。在金融风险实际发生的情况下进行家庭资产配置时,家庭投资者应及时采取事先的计划,并控制和解决问题:首先,及时了解金融市场或金融机构的最新信息和情况,并积累有关资产配置决策的有用信息;其次,如果风险不能进行有效控制或者不能及时解决,应当及时从投资资金中抽回损失;最后,储备的流动性可以用来调整资产的配置结构,解决突发财务风险,根据情况调整资产结构配置,实现对风险的有效控制,以更好地进行下一轮资产投资。

(3) 家庭资产配置风险的转移。

资产配置的风险有时较为严重,可能已经超出了家庭可以承受的风险范围,这种情况下家庭可以通过一些手段合法地将其转移到一些金融机构,实现风险的转移。因为这些金融机构有强大的经济实力,可以承受相关的风险,因此对于家庭来说,这样做可以减少相应的损失。所以对于一些没有足够财力和时间的家庭来说,转移风险也许是最好的办法。

（4）家庭资产配置风险的补偿。

中国大多数家庭的资产配置组合倾向于选择银行发行的理财产品，这是经过国家和政府部门批准的，所以多数家庭选择这些理财产品也是因为对于国家、银行和社会的充分信任，虽然任何形式的金融资产都有可能出现风险和危机，但家庭会认为，如果家庭所涉及的资产被分配给银行或金融服务产品，即使所产生的风险会给家庭带来许多经济损失，国家也将在以后统一进行经济补偿，风险的补偿也体现在家庭资产分配的风险解决方案中。

9.1.3　加强多方对居民家庭金融资产风险的协调

随着中国资本和金融市场的进一步完善，金融产品的数量和种类趋于丰富多样，单纯的银行存款已经无法满足人们对高收益的追求。降低无风险资产的持有比例在中等风险固定收益工具和高风险股票市场中将是一个发展趋势。传统的投资组合选择理论为家庭的金融资产配置提供了明确的方向。Campbell（2008）的研究表明，想要实现资源的跨周期优化和消费的平稳化，就要合理配置股票、债券、基金等金融资产。此外，从美国、日本等发达国家的经验来看，对于家庭金融资产的配置，多元化可以有效地实现家庭财富的大规模增长，能使家庭共享全社会的经济发展利好。中国家庭的金融资产配置还有很大的提升空间。

根据中国家庭金融资产配置的现状和存在的问题，在新的经济环境和形势下，中国家庭金融资产配置的方案必须在一定程度上进行优化，政府部门、金融机构、社会和家庭居民自身都应该做出相应的努力。解决家庭金融资产配置问题，首先要解决的就是转变居民思维的问题。中国大部分居民的理财思想都是比较保守的，没有理财经验，不知道该如何合理地配置资产比例。而且，更严重的是，一些居民没有金融知识，没有辨别金融诈骗行为的能力，如果不幸掉入诈骗陷阱而不能够及时脱离，将会导致资产受损。所以政府机关在发展市场经济的过程中，要及时采取一些措施帮助当地的家庭优化金融资产配置，通过社会公益广告、公益宣传专栏、公开演讲和社会宣讲的模式开展金融知识教育宣传，包括如何正确理解家庭金融资产的配置、家庭金融资产的正确含义，如何进行科学合理的配置等，最终的目标是通过对家庭居民免费的培训和正确的知识宣传来提高居民的理财能力，实现家庭金融资产真正合理的配置，让居民能够获取最大化的资产收益，这对我们整个社会和经济环境都有非常大的帮助。从中国的家庭资产配置现状来看,实现中国家庭金融资产的合理配置需要从以下几个方面着手。

1. 政府管理部门

金融机构的发展和创新离不开政府的引导、鼓励和支持。中国金融市场起步时间晚,发展较为缓慢,金融资产可投资的产品种类较少,且部分产品的门槛较高,这种情况严重制约了居民根据自身的财富预期和风险承受能力去正确选择合适的理财产品进行资产配置的能力,也严重制约了居民金融资产结构的优化调整。因此,一些金融机构,尤其是居民家庭十分信赖的商业银行,要大力创新,将存款和其他新兴金融资产进行创新类的结合,吸引居民家庭的投资。随着中国金融开放程度的不断加深,互联网金融也随之兴起,且对于居民来说,互联网金融的进入门槛相对较低,这都为中小企业资本和居民个人资本提供了良好的发展平台。因此,金融产品的种类越做越丰富,投资渠道的范围越做越广。在当下互联网金融飞速发展的背景下,网络金融需要政府机构的支持,不仅在技术上,在政策上更需要得到支持。相对而言,在中国金融风险较小的产品应该主要由商业银行发行。在经济增速减缓的过程中,家庭金融资产的投资基于风险最小化的原则。因此,建议投资者尽量投资商业银行发行的理财产品。中国的商业银行,特别是国有商业银行,应积极增加金融产品的多元化设计,以满足当前家庭投资者对金融产品的需求,增强家庭金融市场参与的深度。由于近两年中国金融市场风险事件频发,更多的投资者不信任银行以外的金融机构,更青睐短期固定收益的金融产品。由于其产品单一,投资者对此类产品的偏好具有时效性,且对可能出现的投资损失有强烈的厌恶情绪,因此要求商业银行在家庭理财产品的设计中加入多样化的元素,包括产品类型、发行时间和相应的风险偏好。最后,需要从源头上设计发行家庭金融资产,以分散风险,降低风险。

首先,政府应当建立实施宏观审慎监管框架。2008 年美国金融危机后,学术界提出建立宏观审慎监管框架的建议。中国监管部门虽然已经初步建立了宏观审慎监管框架,但尚未全面实施。然而,从 2014 年和 2015 年中国的重大金融事件以及近年来私人资产的流失来看,不少家庭被卷入了这些事件,并遭受了巨大的损失。从这些事件可以看出,建立宏观审慎的监管管理框架,建立和完善系统性风险的指标体系和监测预警机制,十分必要。银行业是中国金融体系的主导产业。国家金融监督管理总局是中国在金融宏观审慎管理实践中起带头作用的机构。近年来,宏观审慎管理在监管过程中取得了积极的进展，但并没有完全地落实。例如，一些商业银行和保险公司联合发行金融产品，并以高回报的名义诱使投资者购买。投资者误以为该产品是银行发行的，而实际上他们购买的是保险产品，而不是真正意义上的金融产品。随着中国资本市场的成熟和繁荣，债券市场的监管取得了显著成绩。2015 年，中国股市变化迅速，投资者在经济低迷时期如履薄冰。但政府宏观审慎监管与微观审慎监管相结合，促进了资本市场和金融体系的整体稳定。

其次，政府应当在人才机制和结构上提供支持。由于中国人口众多，当下家庭投资的潜力巨大，政府应该专门培养理财指导的人才，完善相关的指导机制，设置专门的指导机构，在家庭需要时能够及时、快速、方便地为家庭居民提供专业知识上的帮助。这样的举措不仅能够让家庭居民提高投资收益，更加激发家庭居民的积极性，让他们更有热情投入金融市场，也能够直接提升金融市场的活跃度，同时这也是帮助吸纳市场闲置资金的有效途径。规范的引导和管理必将使家庭投资和市场经济的发展进入一个良性互动的阶段。此外，专业的金融机构从业者也可以作为投资顾问帮助缺乏专业金融知识的家庭选择适合的产品，或者引导他们学习如何管理投资产品，以其专业性保证投资者获取到的利益最大。另一方面，这种形式可以保证家庭的闲置资金能够在金融市场上进行合理的配置和投资，同时也为国家、社会和金融机构的发展打下坚实的基础。所以，重视专业金融人才的培养在家庭金融资产的配置中起着非常重要的作用，而选择符合家庭投资需求的理财产品，是降低投资风险的有效途径和必由之路。通过专业的引导，家庭居民就可以事先防范潜在的投资风险，这也对维护金融市场的良好秩序起到了重要的作用。低财富家庭往往通过间接持股参与风险市场，如财富管理、基金和衍生品，他们的资产的配置基本上限于基本资产。当财富水平逐渐提高，家庭直接参与股市的资金比例开始增加，资产配置也逐渐趋于多样化。因此，提高居民收入水平和财富水平可以提高居民在金融市场的参与度，提高居民对于金融资产投资的积极性，也使居民可以真正享受到金融市场的发展带来的发展红利。

最后，政府应当严格管控企业违规导致的金融风险。企业规范运营与发展能促进金融深化发展，而企业若违规，则有可能带来风险乃至金融危机。因为中国对企业仍然采用传统的监管制度，有一些不符合上市资格的企业也有可能因监管不到位获得上市资格。这种现象的出现必然会给中国社会经济的发展带来各种负面的影响，进而使中国金融市场的风险提高。因此，政府要完善监管制度，对上市企业更要严加监管，定期对企业账务进行审计并建立预警机制，对上市企业的经营活动严格管控，如果发现上市企业有违规违法行为，必须立刻采取相应的管制措施，不能拖延容忍。

2. 金融机构

中国的金融机构包括银行、证券公司、保险公司和基金公司等等，这些金融机构在设计金融产品时，只考虑了金融产品本身的逻辑、产品的周期、未来的发展、能够得到的利润和收入，但并没有考虑家庭居民进行金融资产投资的比例问题，更没有对家庭居民的理财活动进行专门的指导和考察。在提供家庭理财和投资的专项理财产品方面，银行、证券公司和基金公司做得不好，而保险公司却比较重视产品开发。所以近年来居民对于保险产品的购买还呈现出较为稳定的增长趋势，但反观股票市场，情况则较为低迷，风险厌恶型家庭投资者不会考虑持有股票，而基金市场又较为混乱，这也影响了家庭的投资积极性。因此，为了激活金融市场，有必要鼓励金融创新，丰富金融产品，设计一些适合家庭投资的产品。在家庭金融资产配置过程中，中国还应加强建立健全社会保障制度。现在中国的社会保障制度还不完善，而城乡居民在社会保障方面的差距更是巨大，再加上中国现今的保险制度中保险的主要来源是社会保险，这其中包括养老保险和基本医疗保险，但这些都是最基本的社会保障，居民在有能力的情况下，才会选择多样化的保险项目为自己和家人投保。在基本的社保制度之外，家庭应该可以为每个家庭成员购买一部分保险，为自己和家人提供更多的保护。因此，为了优化中国家庭的金融资产配置，就有必要提高居民的保险意识，使居民获得更多的资产和人身保护。当然，在优化家庭金融资产配置时，也需要与中国金融市场的改革相配合，进一步完善法律法规并且建立完善的社会征信体系，这也使金融市场的交易双方能够相互确定征信，降低家庭金融资产配置过程中的风险，加强并完善信用体系，使投资者可以发现金融市场存在的问题，并获得快速解决相应的市场和投资问题的能力。

由于互联网金融的发展，网上金融交易发展带来便利，也为居民提供了新的投资渠道。多元化的投资方式和组合投资可以有效分散投资风险，这也是中国居民正确面对家庭资产配置的发展思路。根据中国招商银行和贝恩公司共同发布的《2019 中国私人财富报告》，2018 年，中国个人可投资资产超过 1 000 万元的高净值人口的规模达到 197 万，中国个人持有的可投资资产的总规模达到 190 万亿元人民币。报告还指出，在智能新经济发展模式的推动下，以企业高管和专业人士为代表的新群体已经崛起，成为高收入家庭群体的中坚力量。因此，单一货币投资将不再是普通民众的唯一偏好，他们还会进行海外投资，如购买美元、海外保险、海外金融产品等，使投资手段多样化，避免"投资在同一篮子"的风险。所以，金融机构要注意新兴金融投资产品的发展创新，当然也要注意其中的风险控制。

3. *居民家庭*

根据相关统计数据，中国居民资产配置是高度不均匀的，且持有的高风险资产占家庭总资产的比例高。现金和存款是主要的无风险的金融资产，而股票是主要的风险型资产。虽然中国证券经济也在不断发展，但是总体来看其持有比例还是较低的，且农村居民金融市场参与度明显低于城市居民。根据以往研究对居民参与股票市场的影响因素进行的分析，居民参与股票市场的可能性与其拥有的固定资产数量正相关。而居民如果在养老和医疗保险之外还持有额外的商业保险，那么家庭参与股票市场的意愿将会增加。因为更好的社会保障程度会降低居民对未来的不确定性，其对风险资产收益率波动的承受能力也会随之增加，从而能够持有更多的风险资产。如果家庭成员有较好的教育背景和较高的受教育程度，那么这个家庭参与资产配置的意愿也会更强，这也被称为"知识效应"。固定资产比例过高会限制家庭对金融市场的参与，单一的资产配置不利于资产结构的优化。这可能与中国住房自有率居世界首位、国内房价居高不下的情况有关。因此，国家应积极实施房价调控，引导居民合理配置家庭资产。

居民的投资不应该是盲目的，而应该通过良好的长期财务管理和规划，有效地控制其承受的风险。财务规划和投资也可以使用标准普尔家庭象限图模型来分配资产，这个模型是著名的评级机构标准普尔在考察了成千上万财富稳定增长的家庭，分析总结了他们的家庭理财方式之后得到的结论，对城镇居民家庭资产配置具有重要的参考意义。其投资计划指南可以总结为"1234"原则："1"指的是一个家庭的总资产中，有10%的家庭资产用于家庭的日常消费；"2"是指20%的家庭资产用于紧急的安全投资；"3"指的是使用30%的家庭资产用于长期投资；"4"是指使用40%的家庭资产为金融产品提供投资担保。当然，在实践中，并不是必须按照这个模型中的10%、20%、30%和40%这一固定比例投资，而是可以根据每个家庭自身的总资产状况和心理需求进行配置。良好的投资计划和财务管理是家庭资产配置的重要因素。通过投资和规划，能够有效引导居民家庭对资产风险的承受能力和防控能力进行评估，也可以有效提高居民对金融产品投资风险的防范能力。

国外学者 Christian Gollier (2002)在他的研究中得出结论,当居民对股票市场有更深入的了解时,他们更有可能参与到金融市场中,投资方式也更加多样化。家庭资产投资的执行者,首先要学习和掌握金融专业知识,了解各种金融产品的投资回报,树立金融风险意识。目前,中国的金融知识并不普及,如在股票市场中,很多的市场参与者不擅长股票基本面分析、技术分析等。另一个例子是基金,多数投资者认为,基金是一种无风险的金融产品。由于缺乏金融知识,他们被误导进入基金市场,最终导致金融资产出现负增长。金融产品的不合理选择、不合理操作和不合理处理,并不能分散和降低风险,反而会增加风险的积累。在投资前、中、后都需要进行合理的规划,合理选择金融产品。决不能盲目地随波逐流。当前中国经济处于增长放缓的阶段,面对金融资产贬值的压力,很多家庭中具体参与投资操作的人员的金融专业水平都较低,学习能力很弱,面对复杂金融市场,其选择高风险的金融产品投资的可能性都较低,大部分人采取规避风险的投资方式。

因此,首先要学习金融知识,了解金融风险,树立合理的投资理念。如果对金融知识知之甚少,也不去了解金融市场的信息,那即使是高收入家庭可能也不会参与金融市场,自然也无法获得高的收益。家庭配置金融资产的过程漫长而复杂,在做出决策之后还需要时刻注意宏观环境和微观经济的变化,所以这就要求家庭居民对于金融知识有足够的了解,对于有充足金融知识的高收入家庭来说,他们的金融消息来源更广阔,能够更好地对金融资产进行优化配置,而随着越来越多的经验累积,家庭也就能更好地掌握多元化投资的组合技巧,进而避免一些不必要的财产损失。

针对以上情况,我们提出以下建议。首先,居民家庭应该主动学习金融知识并积累相关投资经验,扩大金融信息的来源渠道,了解各种产品的特点和风险,以避免出现盲目的、随机的和不合理的资产配置。其次,金融机构应适当降低投资者参与金融市场的门槛,降低金融市场相关信息的理解成本,当然也不能过于松懈,仍要把握住整体风险。金融机构应根据收益和风险状况制定合理的产品结构,及时披露相关信息,普及相关的财务知识,在多个水平、从多个角度,让居民参与金融市场的收益最大化。再次,政府应该鼓励各部门和机构通过多种渠道开展金融教育,促进金融知识进教室,将基本的金融知识添加到中小学的课程中,让更多的居民从小就有资产管理与投资的初步观念。此外,还应在大学为非经济和管理专业的人提供金融知识的课程,所有民众都可以有机会在课堂上学习金融知识。在互联网时代,政府和机构可以通过互联网向公众普及金融知识,这种方式对于居民家庭来说方便快捷且成本低。这样一来,所有群体都可以平等地享受金融知识的教育服务,形成正确的投资观念,这也更适用于中国金融市场起步晚、发展慢的现实情况。另外,我们还需要关注以下方面的现实情况。

第一,居民健康状况对家庭金融资产配置的影响。但当家庭成员患病时,这个家庭只能被动地确定其财务组合。因此不同健康状况的人对风险资产的接受程度不同,家庭金融资产配置也要考虑家庭成员的健康状况。健康状况较好的居民往往持有较多的金融资产和风险资产,而健康状况不佳的居民则会降低持有股票等风险型资产的比例。在国家层面,政府应提高现有的医疗保障水平,加大医疗卫生投入,同时可以开展一些全民健身类的活动,避免因出现居民的健康风险而影响社会和经济的良好发展。而家庭居民也应采取健康的生活策略,可以注重在基本社会保障之外的商业保险的投资,提高对金融市场的参与度。经过20多年的发展,中国资本市场已经初步成型,但仍需要进一步完善相关的金融运作和监管制度,提高市场的开放程度,降低市场的准入门槛,为更多的家庭投资者提供更多可选的金融工具和可获得的资金来源,提高居民在国内金融市场的参与度,改善家庭的金融资产配置结构。在这个过程中,政府应该扮演监管和指导的角色,完善相应的法律法规,完善金融市场的运行机制,提高资本市场的运营效率,确保市场是公平、公正、公开的,直接为基金多元化配置提供有力的保障。所有的金融机构应该立足中国的国情,以西方发达国家作为参考,创新金融工具开发新产品以满足不同客户的需求,提高金融可用性,吸引更多的家庭投资金融资产,共享祖国发展红利。

第二,在当前市场刚性支付逐渐被打破的背景下,家庭应该意识到自身的风险,不要过多依赖金融机构进行投融资。从供给方面来看,投资门槛限制了家庭对多种产品的投资,市场上可供家庭投资的产品不足。这也是家庭金融资产配置单一、两极分化的重要原因之一。数据显示,金融资产少于10万元的家庭中,只有0.7%的家庭由投资银行管理资产;拥有超过10万元金融资产的家庭中,17%的家庭由投资银行管理资产。中国居民金融资产配置偏好于无风险资产,如银行存款比例等,很大程度上是因为中国社会保障制度的不完善,居民住房、医疗、教育和其他支出主要由家庭承担,所以居民倾向于投资低风险的银行存款,以满足预防性动机。

第三,利率风险的影响。当市场利率上升时,企业的融资成本增加,经营效益下降,投资者也可能存在收益下降的风险。在这种情况下,最好减少融资,防范利率风险。例如,当投资者预期利率上升时,应减少持有固定利率债券,特别是长期债券。国债期货可以作为利率风险管理的有力工具。当债券下跌趋势更加明显时,通过对国债期货的套期保值,适当提高套期保值比率,可以在市场下跌时获得额外收益。居民还可以通过调整本币和外币资产比例,防范购买力风险。从储蓄者或投资者的角度来看,应对人民币实际购买力贬值和实际存款负利率的最佳方式是增加风险投资比例。低利率往往会鼓励冒险行为,而长期负利率会将投资者推向风险更高的投资。无论是从分散投资还是规避系统性风险的角度,都要适当调整人民币资产与外币资产的比例。在外汇市场上,基本上没有"鸡尾酒"式的投资方式,应选择汇率长期稳定的大国的一种或两种货币作为主要投资货币,选择汇率变动敏感的货币作为"投机"货币。

此外,居民家庭还要关注经济形势,防范政策风险。为了减轻政策风险的影响,需要加强对国内外政治经济形势的判断力,注意可能对金融市场造成的影响,及时了解政府证券市场政策的变化,避免股市过度投机和过热的局面。投资者应理性看待投资市场过热现象。在中国经济增长放缓"降温"的背景下,投资者应该理性分析股票市场短期和长期政策影响的差异。

4. 三项措施

在前面分析的基础上,结合中国一般家庭的资产配置习惯和现有的资产配置方式,应从以下三个方面采取相应的措施:

一是完善家庭的银行存款配置,并在配置前进行合理详细的计划。与美国和其他西方发达国家相比,中国民众对金融资产配置的偏好往往是比较保守的,究其原因,主要是由于中国目前的社会保障机制不完善,医疗、住房和教育等多个系统仍存在一定不足,大多数家庭需要使用自己的存款资金来承担数额巨大的家庭基本开支,这也决定了家庭的金融资产配置方式和结构特点,家庭只能谨慎行事,选择流动性更强的金融产品。同时,中国城镇居民的投资观念十分保守,投资意识也很淡薄,他们缺乏专业教育和金融知识培训。从中国资产市场的发展现状来看,金融产品呈现多样化态势,而银行存款这一传统投资手段在通货膨胀的影响下,不仅收益低,利率也较低。因此,需要结合家庭资产的实际情况,优化家庭银行存款配置,合理规划存款比例,将部分资产投资于低风险的固定收益工具。

二是要合理进行房地产投资配置,合理规划家庭资产的结构。房地产业是中国近年来的社会热点，许多家庭已经涌入这股房产热潮，将主要资产用在房地产投资上，也获得了巨大的收益。然而，结合近年来中国房地产业的综合表现来看，由于房地产商的恶意营销等原因，房价从正常水平升至异常水平；尤其是一线城市的房价，远远超出了普通家庭的承受能力。另一方面，从国家相关政策的走向来看，房地产行业过热的现象也必须得到相应的宏观调控，中国在2018年及2019年也确实实行了较大的改革举措，否则房产的畸形发展，将会导致市场的异常发展，从而引起社会恐慌、经济恐慌，进而影响社会正常秩序。在这个前提下，一个家庭要想再进行房地产投资，就要认真思考未来房地产业的发展和社会现实，不仅要看到房地产行业的短期高效益，还要意识到从长远来看可能出现的反弹。居民家庭应该优化房地产和房地产投资的资金配置，不要过度追求房地产资产的超额收益，而是要根据自身情况合理安排。

三是要做好金融资产投资配置。在中国，家庭在资产配置上趋于保守，一般来说，除了银行存款这一类稳健型资产，许多家庭想投资的风险类资产就是股票资产。然而，一些家庭存有从众心理，盲目进行金融投资，缺乏正确的资产意识和风险防范意识；另一些家庭将资产投资于单一和高风险的投资类别，风险太大，缺乏科学合理的资产配置。在中国资本市场发展的进程中，投资理财产品的种类越来越多，大多数金融机构也在不断创新，银行这样的传统金融机构也不甘落后，推出的理财产品种类和数量也是越来越多，功能也越来越完善，能够满足不同家庭的不同理财需求。因此，在逐渐繁荣的市场环境中，家庭应该优化金融资产投资配置，除了采取如银行存款和股票资产投资这样的方式，也可以结合债券、基金、外汇等风险型产品，增加实际投资项目的种类，从而分散投资风险，并在多元化投资的实践中提高自己的财务知识、财务管理和风险管理能力，以此作为不断优化家庭资产配置的重要基础。

9.2　研究结论和政策建议

9.2.1　研究结论

本研究将宏观经济周期波动与微观家庭金融资产选择结合起来，按以下逻辑进行了探讨：首先探讨在不同的经济周期下居民家庭金融资产的选择和收益；其次探讨影响居民家庭金融资产选择的具体路径（宏观经济指标和经济周期）；再次对居民家庭金融资产结构风险进行测量；最后得出结论，在经济增速减缓阶段中国居民家庭金融资产风险积累处于高位，其特征概括如下：

一是居民家庭资产风险在经济增速减缓阶段不断增加。根据前文中的风险测量，每一次金融危机，无论是区域性还是全球性的金融危机，都会直接或间接对中国居民家庭金融资产的风险造成一定的影响。金融危机会引起国内经济泡沫增大，反映到微观居民家庭金融资产投资上，就表现为风险积累升高。

二是居民家庭金融资产组合的风险值与无风险金融资产的波动幅度、波动时间是一致的。因为无风险金融资产在中国居民家庭金融资产中的占比较大，居民家庭金融资产中风险资产与资产组合的 VaR 的波幅及波动时间完全不一致，风险资产的收益波动与资产组合的 VaR 是呈反向变化的。因此可以认为在经济增速减缓阶段，无风险金融资产也开始出现一些风险迹象。

9.2.2　政策建议

基于以上研究结论，我们有必要在了解家庭金融资产配置以及家庭金融资产结构与经济波动关系的基础上，构建居民家庭金融风险测算模型，并从中发现和验证家庭金融风险受宏观经济发展影响的路径，为“新常态”下中国居民家庭金融资产风险管理和控制提供切实可行的操作性建议。

1. 宏观政策层面

（1）税收政策调控方面。由于低收入阶层和高收入阶层收入来源的构成不同，对金融资产的选择也不同，两者金融资产收益差异较大。针对这一情况，在当前的经济增速减缓期间，对于高收入阶层和低收入阶层采取的激励政策的侧重点应有所不同：对于低收入阶层，在提高其收入以外，还应该适当降低工薪收入的所得税率，增加低收入阶层的可支配收入，使他们能将更高比例的收入投资于金融资产；对中等收入的阶层而言，应适当地降低其个人所得税，因为居民家庭金融产品投资模式相对理想的主体正是该阶层的居民，他们也是拥有金融产品的主流人群；对于高收入阶层，则应着重控制金融资产结构风险，开发更丰富的金融产品投资组合，丰富多种投资渠道，合理地分散投资风险。

（2）货币政策调控方面。中国经济增长对银行贷款存在过度依赖，中国企业对银行也存在过度融资。对企业而言，中国宏观调控要求企业“去杠杆化”，也就是要求企业的负债比例降低，降低企业的借贷成本和借贷风险；对银行而言，要求优化贷款结构,减少不良贷款。由于金融资产对货币政策变动更为敏感,不同类型的金融资产对不同的货币政策工具变动冲击的敏感性又不尽相同,家庭金融资产亦如此。因此,要更加细化货币政策工具的使用,比如对不同利率的使用,对银行信贷结构的管控等。这也是因为不同类型的金融资产在经济周期的不同阶段调控效果并不相同,因而要求在宏观经济周期的不同阶段中,通过货币政策的调整鼓励不同的融资方式,这样更有利于金融资本向实物资本转化,最终实现对实体经济的调控目标。当下在中国经济增速减缓的过程中,货币政策调控显得尤为重要。

2. 金融监管、金融机构层面

(1) 家庭金融资产风险调控方面。由于中国居民家庭金融资产中大部分为储蓄存款,高风险金融资产只占到比较小的份额,所以从宏观角度看,家庭金融资产结构风险并没有触及经济发展的根本层面,而宏观金融市场风险才是我们目前经济增速减缓过程中更为关注的方面。在经济增速减缓过程中,宏观金融市场风险控制得好,有利于经济平稳发展,也有利于提高家庭金融资产投资收益的稳定性。对于家庭金融资产风险的测量,对宏观经济增速减缓态势的预判也是有帮助的,居民储蓄意愿和购买有价证券意愿的变化也可以帮助预估宏观形势的变化。而且,宏观金融资产的构成变动也会对经济波动产生作用,而且不同金融资产对宏观经济波动影响的持续时间是不同的,并且短期和长期的冲击作用有可能截然相反,所以,观察宏观金融资产的构成变化和风险变化,也可以对宏观经济波动方向和此次经济增速减缓的持续时间做出预判。因此,需要国家主要金融监管部门成立专门的家庭金融风险监测部门,对居民家庭金融资产的风险实施监控,如对企业不良资产预警、金融机构系统性风险预警等,在不同阶段进行不同的风险信息发布。

(2) 法律法规方面。对金融机构推出的家庭金融产品,需要加强法律法规的制定。目前中国金融机构设计的理财产品多为股票型、债券型和基金型理财产品,作为金融衍生工具,普通的理财产品都和传统金融工具有关,且具有同样的风险特征。因此,需要政府金融监管部门从法律的角度给予一定的保障。由于中国的投资理财起步较晚,银行存款是居民投资理财最常见、最普遍的投资渠道。而在余额宝横空出世后,货币基金的概念开始普及,从余额宝到由微信平台推出的理财通,到市面开始出现的各种各样的P2P产品、虚拟货币、股票基金信托、期货期权,再到现在的黄金原油期货(如中国银行“原油宝”),理财产品层出不穷。伴随着金融产品的不断推新演进,金融产品相关的法律规范需要进一步加强。

(3) 家庭金融产品设计方面。家庭金融产品的多元化,并不意味着是多“量”化,而是需要高“质”化。金融本身是个高风险的行业,金融产品的设计以风险投资为前提。而大部分中国投资者面对风险时是风险规避型,而非风险偏好型。因此,对于家庭金融产品的设计,除了市场考量外,还需考虑中国普通民众的现实金融知识水平。在中国,随着金融市场和金融产品的不断发展和成熟,经济发展区域间差异较大,且居民对金融的认知也不尽准确,对金融常识的掌握各有差异(比如,有人认为基金是稳赚不赔的,国有大银行的理财产品是有国家担保的等等,这些都是错误的认知),因此,金融机构在金融产品的设计上,除了要考虑金融工具的多元化外,还需要考虑不同地域的人群、不同受教育程度的人群在各方面的投资行为差异。

(4) 家庭金融产品风险意识宣传方面。近年来除了传统的金融产品(股票、债券、基金)外,各类金融理财产品也不断入市。随着银行理财产品的快速扩张,一些银行理财产品亏损的事件将其风险暴露无遗。理财产品发展过快,良莠不齐。为了追求业务规模的增长,银行将理财资金配置于高风险的股权类投资及高风险的过剩产业。因此,除了向广大居民推销金融产品外,还需要向广大居民普及金融产品的知识,更需要负责人认真地向投资者解释清楚自己面临的各种类型的投资风险。银行管理者除了对自己的金融机构负责外,还需要对广大普通投资者负责,以回报广大投资者对金融机构及金融专业人士的信任。

3. 居民家庭个人层面

当下中国经济处于增速放缓阶段,居民家庭更加需要理性地根据家庭财富的变动状况,合理地进行家庭金融资产的选择和风险规避。

(1) 提高金融投资和相关法律法规方面的知识水平。纵观近年来中国居民的投资困境事件,主要的原因首先就是民众缺乏金融产品投资最基本的知识和常识,对最基本的三种类型的传统金融产品债券、基金、股票的相关知识掌握不够全面。大部分的股票投资者过分自信,或放任从众心理作祟,认为掌握了“低买高卖”就行,有两次操作成功便认为自己会“炒股”了,其实他们对于股票分析最主要的基本面分析和技术分析都不了解,甚至都没有接触过这些方法。投资者对基金的认知不足更为严重,他们到金融机构办理业务时非常容易被“忽悠”,一听到短期高收益,便在对基金的类型、风险没有分析,甚至连基金的来源和发起人都不了解的情况下大手笔地买入。对于债券,许多投资者认为到期便可获益,不需要去关心其影响因素，更不知其影响因素有哪些。近年来的金融理财产品层出不穷，投资者对其相关知识了解甚少，但最后却大胆地买入了这些产品，让自己的资产面临未知风险。

(2) 经济增速减缓的过程中更要坚持遵循“低风险，低收益；高风险，高收益”的投资原则和理念。马科维茨的投资组合理论假设“金融产品投资中人是理性的”，而在实际生活中，由于人的理性是有限的，每一个人对未来所做的决策都不可能百分之百准确。当下经济增速减缓，未来的经济趋势存在更多的不确定性。人们在投资过程中风险意识要更加强烈。风险偏好型的家庭投资者容易过度集中投资和过度分散投资。在进行家庭金融资产选择时，有些人将资产集中投资于一种金融产品上，这不利于风险分散；而有些人则把资产分散于多个“投资篮子”，这样投资的金融产品又过于分散，不便于风险控制。风险厌恶型的家庭投资者不愿意冒险，往往在预算时就计算出回报，在面对收益时倾向于“风险规避”，而面对损失时则倾向于“追求风险”，从而引发非理性投资行为。总而言之，投资产品过于集中于某一金融产品或是过于分散于金融市场中的各项投资工具，都不适合资金量小的居民家庭投资。当下经济增速减缓，投资金融产品面对的风险更为复杂。非专业的金融产品投资者，最为重要的是寻求适合自己家庭的投资理财组合。

9.2.3 研究不足与后续研究

第一，时间的限制，导致未能形成连续多年的家庭微观调查数据。这样的调查需要十年乃至二十年的时间持之以恒地进行，因为一个经济周期可能会持续十几年的时间。因此，目前关于家庭金融资产的数据大多是宏观数据，这些数据虽然也能从宏观层面描述家庭金融资产的构成及变化情况，但是对家庭的金融资产构成的描述却不够深入和细致。

第二，数据资料的限制，使得对家庭金融资产的完整数据描述基本限于储蓄存款、股票、债券等的数据。而随着金融市场的日益完善，金融投资产品的不断丰富，人们的金融投资选择更多，会形成更多种类的金融资产，其中包括基金、理财产品、外汇、贵金属、保险等，但是由于分类过细，很难详细区分其投资属于无风险投资还是高风险投资。比如，基金和银行理财由于其投资的方向不同，有投资企业债券的，也有投资股票的，有投资成长型公司股票的，也有投资稳健型公司股票的。投资在不同的方向，其风险就会有所不同。又如，保险产品既有商业险和人寿险的区别,又有保障型和分红型的区别。以上分类金融资产的数据描述较难获取,因而它们的结构和风险变化与宏观经济周期波动的协动性关系也就难以开展研究。

另外,本书没有涉及的一些值得探讨的内容有:不同类型金融资产对宏观经济指标的敏感性差异导致的协动关系差异;风险变化对家庭乃至社会金融资产最优构成比的影响;等等。

具体而言,未来尚需深入研究的问题有:一是细化家庭金融资产类型,并积累相应的数据资料;二是考虑不同家庭的风险偏好,以最大化家庭财富和社会财富作为目标进行评估,在不同经济周期下提供合理的家庭金融资产投资选择建议;三是确定货币政策对家庭金融资产结构风险的影响效果,并在收集相关的详尽的家庭金融资产数据基础上,进一步细化分析。

参考文献

白保中、宋逢明、朱世武:《Copula 函数度量我国商业银行资产组合信用风险的实证研究》,《金融研究》2009 年第 4 期。

柴曼莹:《中国居民金融资产增长因素贡献率测算》,《华南理工大学学报(社会科学版)》2003 年第 1 期。

陈工孟、郑子云:《个人理财规划》,北京大学出版社 2003 年版。

陈守东、俞世典:《基于 GARCH 模型的 VaR 方法对中国股市的分析》,《吉林大学社会科学学报》2002 年第 4 期。

程学斌、陈铭津:《城镇居民家庭财产性收入》,《统计研究》2009 年第 1 期。

范英:《VaR 方法及其在股市风险分析中的应用初探》,《中国管理科学》2012 年第 3 期。

范英:《股市风险值估计的 EWMA 方法及应用》,《预测》2001 年第 20 期。

方芳:《从理性和有限理性角度看决策理论及其发展》,《经济问题探索》2005 年第 8 期。

甘犁、尹志超、贾男、徐舒、马双:《中国家庭资产状况及住房需求分析》,《金融研究》2013 年第 4 期。

高铁梅:《2009 年中国经济增长率周期波动呈 U 型走势——利用景气指数和 Probit 模型的分析和预测》,《数量经济技术经济研究》2009 年第 6 期。

龚锐、陈仲常、杨栋锐:《GARCH 族模型计算中国股市在险价值(VaR)风险的比较研究与评述》,《数量经济技术经济研究》2005 年第 7 期。
何兴强、史卫、周开国:《背景风险与居民风险金融资产投资》,《经济研究》2009 年第 12 期。
何秀红、戴光辉:《收入与流动性风险约束下家庭金融资产选择的实证研究》,《南方经济》2007 年第 10 期。
贺力平、林璐:《中国居民金融资产总量和构成估算》,《财经智库》2020 年第 2 期。
胡日东:《均值-离差型组合证券投资优化模型》,《预测》2000 年第 2 期。
胡振、何婧、臧日宏:《健康对城市家庭金融资产配置的影响——中国的微观证据》,《东北大学学报(社会科学版)》2015 年第 17 期。
黄家骅:《试论居民投资与经济制度创新》,《福建论坛(经济社会版)》1997 年第 9 期。
雷晓燕、周月刚:《中国家庭的资产组合选择:健康状况与风险偏好》,《金融研究》2010 年第 1 期。
李建军、田光宁:《我国居民金融资产结构及其变化趋势分析》《金融论坛》2001 年第 11 期。
廖发达、罗忠洲:《保底型投资产品的资产管理技术》,《经济管理》2006 年第 1 期。
廖理、吉霖、张伟强:《借贷市场能准确识别学历的价值吗? ——来自 P2P 平台的经验证据》,《金融研究》2015 年第 3 期。
刘富兵、刘海龙:《随机利率及随机收益保证下的投资策略》,《运筹学学报》2010 年第 4 期。
刘海飞、李心丹:《基于 EMD 方法的股票价格预测与实证研究》,《统计与决策》2010 年第 23 期。
刘静:《我国股价指数风险价值实证分析》,《数量经济技术经济研究》2002 年第 4 期。
刘宇飞:《VaR 模型及其在金融监管中的应用》,《经济科学》1999 年第 1 期。
柳建坤、何晓斌、张云亮:《家庭风险金融资产投资的阶层化逻辑》,《社会学评论》2023 年第 5 期。
卢家昌、顾金宏:《城镇家庭金融资产选择研究:基于结构方程模型的分析》,《金融理论与实践》2013 年第 3 期。
罗靳雯、彭拜:《教育水平、认知能力和金融投资收益:来自 CHFS 的证据》,《教育与经济》2016 年第 6 期。

骆永慧、岳中刚:《我国 P2P 网络借贷平台的借款风险研究——以人人贷为例》,《南京邮电大学学报(社会科学版)》2016 年第 1 期。

牛昂:《VALUE AT RISK:银行风险管理的新方法》,《国际金融研究》1997 年第 4 期。

彭志龙:《居民金融资产与国民经济发展——当前居民金融资产增长对国民经济发展影响的分析》,《统计研究》1998 年第 2 期。

任心宇、邓诗雅、王施懿、邓玲:《城镇居民家庭投资理财的影响因素探析——以长沙市为例》,《山西农经》2019 年第 11 期。

史代敏、宋艳:《居民家庭金融资产选择的实证研究》,《统计研究》2005 年第 10 期。

刘楹:《家庭金融资产选择行为研究》,社会科学文献出版社 2007 年版。

田新时、刘汉中:《沪深股市一般误差分布(GED)下的 VaR 计算》,《管理工程学报》2003 年第 1 期。

王福新、易丹辉:《未定权模型在资产负债管理中的应用》,《2002 年中国管理科学学术会议论文集》,2002 年。

王稳、桑林:《社会医疗保险对家庭金融资产配置的影响机制》,《首都经济贸易大学学报》2020 年第 1 期。

王渊、杨朝军、蔡明超:《居民风险偏好水平对家庭资产结构的影响》,《经济与管理研究》2016 年第 5 期。

韦艳华:《Copula 理论及其在多变量金融时间序列分析上的应用研究》,天津大学博士学位论文,2004 年。

韦艳华、张世英、郭焱:《金融市场相关程度与相关模式的研究》,《系统工程学报》2004 年第 4 期。

魏宇:《中国股市波动的异方差模型及其 SPA 检验》,《系统工程理论与实践》2007 年第 6 期。

吴卫星、齐天翔:《流动性、生命周期与投资组合相异性——中国投资者行为调查实证分析》,《经济研究》2007 年第 2 期。

吴振翔、陈敏、叶五一、缪柏其:《基于 Copula-GARCH 的投资组合风险分析》,《系统工程理论与实践》2006 年第 3 期。

肖经建:《消费者金融行为、消费者金融教育和消费者福利》,《经济研究》2011 年第

1 期。
肖争艳、刘凯:《中国城镇家庭财产水平研究:基于行为的视角》,《经济研究》2012 年第 4 期。
徐梅、李晓荣:《经济周期波动对中国居民家庭金融资产结构变化的动态影响分析》,《上海财经大学学报》2012 年第 10 期。
徐梅:《我国城镇居民金融资产收益与宏观经济波动之关系研究——基于省际面板数据的实证分析》,《开发研究》2016 年第 4 期。
徐炜、黄炎龙:《VaR-GARCH 类模型在股市风险度量中的比较研究》,《数量经济技术经济研究》2008 年第 6 期。
徐绪松、杨小青、陈彦斌:《半绝对离差证券组合投资模型》,《武汉大学学报(理学版)》2002 年第 6 期。
徐志春:《基于 Copula 的贷款组合经济资本配置模型及仿真》,《武汉理工大学(信息与管理工程版)》2008 年第 5 期。
杨洁:《住房对家庭风险资产选择的影响研究》,首都经济贸易大学博士学位论文,2021 年。
杨穗、李实:《转型时期中国居民家庭收入流动性的演变》,《世界经济》2017 年第 11 期。
杨晓光、马超群:《金融系统的复杂性》,《系统工程》2003 年第 5 期。
杨新铭:《城镇居民财产性收入的影响因素——兼论金融危机对城镇居民财产性收入的冲击》,《经济学动态》2010 年第 8 期。
尹志超、吴雨:《金融可得性、金融市场参与和家庭资产选择》,《经济研究》2015 年第 3 期。
臧日宏、王宇:《社会信任与城镇家庭风险金融资产投资——基于 CFPS 数据的实证研究》,《南京审计大学学报》2017 年第 3 期。
翟凤英、王惠君、王志宏、何宇纳、杜树发、于文涛、李婕:《中国居民膳食营养状况的变迁及政策建议》,《中国食物与营养》2006 年第 5 期。
张明恒:《多金融资产风险价值的 Copula 计量方法研究》,《数量经济技术经济研究》2004 年第 4 期。
张尧庭:《连接函数(Copula)技术与金融风险分析》,《统计研究》2002 年第 4 期。
郑文通:《金融风险管理的 VAR 方法及其应用》,《国际金融研究》1997 年第 9 期。

朱顺泉:《资本资产定价模型 CAPM 在中国资本市场中的实证检验》,《统计与信息论坛》2010 年第 8 期。

邹炜、李兴发:《我国金融发展与居民财产性收入的协整分析》,《海南金融》2008 年第 5 期。

Aizcorbe A.M., Kennickell A.B. and Moore K.B., 2003, "Recent Changes in U. S. Family Finances: Evidence from 1998 and 2001 Survey of Consumer Finances", Federal Reserve Bulletin, 89.

Amick B. and McGibany J. M., 2000, "An Analysis of the Interest Elasticity of Financial Asset Holdings by Income", *The Journal of Applied Business Research*, 16.

Apergis N., Panopoulou E. and Tsoumas C., 2010, "Old Wine in a New Bottle: Growth Convergence Dynamics in the EU", *Atlantic Economic Journal*, 38.

Appleton M., 2005, "The Political Attitudes of Muslims Studying at British Universities in the Post-9/11 World (Part 1)", *Journal of Muslim Minority Affairs*, 25(2).

Artzner P., Delbaen F., Jean-Marc E. and Heath D. D., 1999, "Coherent Measures of Risk", *Mathematical Finance*, 9(3).

Atkinson A. and Morrisson C., 1992, *Empirical Studies of Earnings Mobility*, Harwood Academic Publishers.

Bagehot W., 1978[1873], "Lombard Street", in Norman John-Stevas(ed.), *The Collected Works of Walter Bagehot*, London: The Economist.

Baptista A. M, 2008, "Optimal Delegated Portfolio Management with Background Risk", *Journal of Banking and Finance*, 32.

Barbarin, J. and Devolder, P., 2005, "Risk Measure and Fair Valuation of an Investment Guarantee in Life Insurance", *Insurance: Mathematics and Economics*, 37(2).

Bernanke B., 1980, "Irreversibility, Uncertainty, and Cyclical Investment", National Bureau of Economic Research.

Bollerslev T., 1986, "Generalized Autoregressive Conditional Heteroskedasticity", *Journal of Econometrics*, 31.

Brigo D., Pallavicini A. and Torresetti R., 2010, *Credit Models and the Crisis: A Journey into CDOs, Copulas, Correlations and Dynamic Models*, Wiley Finance.

Brinson G. P., and Beebower G. L., 1986, "Determinants of Portfolio Performance", *Financial Analysts Journal*, 42(4).

Briys E. and de Varenne F., 1997, "On the Risk of Insurance Liabilities: Debunking Some Common Pitfalls", *The Journal of Risk and Insurance*, 64(4).

Calvet L., John Y. C. and Paolo S., 2007, "Down or Out: Assessing the Welfare Costs of Household Investment Mistakes", *Journal of Political Economy*, 115.

Cameron C., Li T., Pravin K. T. and David M. Z., 2004, "Modelling the Differences in Counted Outcomes Using Bivariate Copula Models with Application to Mismeasured Counts", *Econometrics Journal*, 7.

Campbell R., Huisman R. and Koedijk K., 2001, "Optimal Portfolio Selection in a Value at Risk Framework", *Journal of Banking & Finance*, 25.

Can, Y. and Li, H. J., 2007, "Tail Dependence for Multivariate t-copulas and Its Monotonicity", *Insurance: Mathematical and Economics*, 10.

Cardak B. A. and Wilkins R., 2009,"The Determinants of Household Risky Asset Holdings: Australian Evidence on Background Risk and Other Factors", *Journal of Banking and Finance*, 33.

Cocco J. F., 2005, "Portfolio Choice in the Presence of Housing", *Review of Financial Studies*, 18.

Consigli G., 2002, "Tail Estimation and Mean-VaR Portfolio Selection in Markets Subject to Financial Instability", *Journal of Banking & Finance*, 26.

Curto J. D., 2009, "Modeling Stock Markets' Volatility Using GARCH Models with Normal Student's t and Stable Paretian distributions", *Statistical Papers*, 50.

Dew, J. P., and Xiao, J. J., 2011, "The Financial Management Behavior Scale: Development and Validation", *Journal of Financial Counseling and Planning*, 22.

Embrechts P., Lindskog F. and McNeil A., 2003, "Modelling Dependence with

Copulas and Applications to Risk Management", in Rachev S. (ed.), *Handbook of Heavy Tailed Distributions in Finance*, Elsevier: Amsterdam.

Embrechts P., McNeil A. J. and Straumann D., 2002, "Correlation and Dependence in Risk Management: Properties and Pitfalls", in Dempster M. (ed.), *Risk Management: Value at Risk and Beyond*, Cambridge: Cambridge University Press.

Embrechts P., McNeil A. J. and Straumann D., 1999, "Correlation: Pitfalls and Alternatives", *Risk*, 12.

Embrechts P., Mcneil A. J. and Straumann D., 1999, "Correlation and Dependence in Risk Management: Properties and Pitfalls", in Dempster M. (ed.), *Risk Management: Value at Risk and Beyond*, Cambridge: Cambridge University Press, 1999.

Engle R. F., 1982, "Autoregressive Conditional Heteroskedasticity with Estimates of the Variance of UK Inflation", *Econometrica*, 50.

Feldstein M., 2005, "Structural Reform of Social Security", *The Journal of Economic Perspectives*, 19(2).

Friedman M., 1957, "Front Matter", *A Theory of the Consumption Function*, Princeton University Press.

Genest, C., Ghoudi K. and Rivest L.P., 1995, "A Semiparametric Estimation Procedure for Dependence Parameters in Multivariate Families of Distributions", *Biometrika*, 82.

Giot, P., and Laurent S., 2004, "Modelling Daily Value-at-Risk Using Realized Volatility and ARCH Type Models", *Journal of Empirical Finance*, 11.

Gollier C., 2002, "What Does Theory Have to Say about Household Portfolios", *Household Portfolios*, MA: MIT Press.

Gordy M. B., 2000, "A Comparative Anatomy of Credit Risk Models", *Journal of Banking and Finance*, 24(1-2).

Guiso L., and Paiella M. "Risk Aversion, Wealth and Background Risk", *Journal of the European Economic Association*, 2007, 6.

Guiso L., Haliassos M. and Jappelli T., 2003, "Household Stockholding in Europe:

Where Do We Stand and Where Do We Go", *Economic Policy*, 18.

Hotelling H., 1936, "Relation between Two Sets of Variates", *Biometrika*, 28.

Jorion P., 2007, *Value at Risk: The New Benchmark for Managing Financial Risk*, 3*rd ed*., Boston: McGraw-Hill.

Jorion P., 1997, *Value at Risk*, New York: The Mc Graw-Hill Companies, Inc.

Laurent S. and Lambert. P., 2002, "A Tutorial for GARCH 2.3, a Complete Ox Package for Estimating and Forecasting ARCH Models", GARCH 2.3 Tutorial.

Li D. X., 2000, "On Default Correlation: a Copula Function Approach", *Journal of Fixed Income*, March.

Lintner J., 1965, "The Valuation of Risk Assets and the Selection of Risky Investment in Stock Portfolios and Capital Budgets", *Review of Economics and Statistics*, 47.

Markowitz H., 1952, "Portfolio Selection", *The Journal of Finance*, 7.

Markowitz H., 1959, *Portfolio Selection: Efficient Diversification of Investment*, New York: Wiley.

Maslow A. H., 1970, *Religions, Values, and Peak Experiences*, New York: Penguin.

Merton R., 1969, "Lifetime Portfolio Selection under Uncertainty: the Continuous-time Case", *Review of Economics and Statistics*, 51.

Mitersen K.R. and Persson S.A., 2003, "Guaranteed Investment Contracts: Distributed and Undistributed Excess Return", *Scandinavian Actuarial Journal*, 103(4).

Mossin J., 1966, "Equilibrium in a Capital Asset Market", *Econometrica*, 34.

Nelsen R. B., 1999, *An Introduction to Copulas: v. 139 (Lectures Notes in Statistics)*, New York : Springer-Verlag.

Ozun A. and Cifter A., 2007, "Portfolio Value-at-Risk with Time-Varying Copula: Evidence from Latin America", *Journal of Applied Sciences*, 7.

Palmquist J., Krokhmal P. and Uryasev S., 2001, "Portfolio Optimization with Conditional Value-at-risk Objective and Constraints", *The Journal of Risk*, 4(2).

Prescott E.C., 1986, "Theory Ahead of Business Cycle Measurement", *Federal Reserve Bank of Minneapolis Quarterly Review*, 10 (Fall).

Roberto D. M., 2001, Fitting Copulas to Data, Zurich: Institute of Mathematics of the University of Zurich.

Rockafellar R. T. and Uryasev S., 2000, "Optimization of Conditional Value-at-Risk", *Journal of Risk*, 3.

Roth A.E., 1976, "Subsolutions and the Supercore of Cooperative Games", *Mathematics of Operations Research*, 1.

Samuelson P., 1996, "Lifetime Portfolio Selection by Dynamic Stochastic Programming", *The Review of Economics and Statistics*, 51.

Sharpe W., 1963, "Capital Asset Prices: A Theory of Market Equilibrium under Conditions of Risk," *Journal of Finance*, 19(3).

Sklar A., 1959, Fonctions de Répartition à n Dimensions et Leurs Marges (N-dimensional Distribution Function and Its Margin), Vol. 8. Paris, French: Publications de l'Institut de Statistique de l'Université de Paris.

Sklar A., 1973, "Random Variables, Joint Distribution Functions, and Copulas", *Kybernetika* 9.

Taylor S., 1986, *Modeling Financial Time Series*, J. Wiley & Sons, New York, NY.

Xiao J. J., 2016, "Consumer Financial Capability and Wellbeing", in J. J. Xiao (ed.), *Handbook of Consumer Finance Research*, *2nd ed.*, Switzerland: Springer International.

Ye-ting L. and Jin D., 2009, "Analysis on Correlation between Personal Financial Investment and Macroeconomic Development in China", *Canadian Social Science*, 5.

Zaglauer K. and Bauer D., 2008, "Risk-Neutral Valuation of Participating Life Insurance Contracts in a Stochastic Interest Rate Environment", *Insurance: Mathematics and Economics*, 43(1).

图书在版编目(CIP)数据

居民家庭金融 : 资产选择、风险测算与管理策略 / 袁国方著. -- 上海 : 格致出版社 : 上海人民出版社, 2024. -- ISBN 978-7-5432-3629-5

Ⅰ. TS976.15

中国国家版本馆 CIP 数据核字第 2024NK6073 号

责任编辑 程　倩　姚皓涵

美术编辑 路　静

居民家庭金融:资产选择、风险测算与管理策略

袁国方 著

出　版 格致出版社
上海人民出版社
(201101　上海市闵行区号景路 159 弄 C 座)

发　行 上海人民出版社发行中心

印　刷 商务印书馆上海印刷有限公司

开　本 720×1000　1/16

印　张 10

插　页 2

字　数 163,000

版　次 2024 年 12 月第 1 版

印　次 2024 年 12 月第 1 次印刷

ISBN 978-7-5432-3629-5/F·1604

定　价 59.00 元